本专著出版由"地理学"省优势学科（江苏高校优势学科建设工程资助项目）资助

庐山亚热带森林土壤特性
与有机碳库特征研究

于法展　著

湖南师范大学出版社
·长沙·

图书在版编目（CIP）数据

庐山亚热带森林土壤特性与有机碳库特征研究／于法展著. —长沙：湖南师范大学出版社，2022.11

ISBN 978-7-5648-4769-2

Ⅰ.①庐… Ⅱ.①于… Ⅲ.①庐山—亚热带—森林土—土壤资源—研究②庐山—亚热带—森林土—土壤有机质—特征—研究 Ⅳ.①S714

中国版本图书馆 CIP 数据核字（2022）第 240118 号

庐山亚热带森林土壤特性与有机碳库特征研究

Lushan Yaredai Senlin Turang Texing yu Youji Tanku Tezheng Yanjiu

于法展　著

◇出　版　人：吴真文
◇责任编辑：周基东
◇责任校对：吕超颖
◇出版发行：湖南师范大学出版社
　　　　　　地址／长沙市岳麓山　邮编／410081
　　　　　　电话／0731-88873071　0731-88873070
　　　　　　网址／https://press.hunnu.edu.cn
◇经销：湖南省新华书店
◇印刷：长沙雅佳印刷有限公司
◇开本：710 mm×1000 mm　1/16 开
◇印张：9
◇字数：180 千字
◇版次：2022 年 11 月第 1 版
◇印次：2022 年 11 月第 1 次印刷
◇书号：ISBN 978-7-5648-4769-2
◇定价：36.80 元

前　言

　　森林土壤特性作为控制植被生长发育的关键生态因子，不仅决定了土壤的质量和健康状况，也对森林土壤固碳作用有着至关重要的影响。庐山地处我国东部中亚热带东南季风区，地理环境特殊，具有明显的山地气候特征，自山麓至山顶分布着不同的植被和土壤类型，不同的气候带及其植被类型与土壤的相互作用导致不同海拔的森林土壤特性及碳积累状况存在较大差异。因此，研究不同海拔上各森林植被类型土壤特性与有机碳库特征，对于掌握庐山亚热带典型森林土壤健康状况及其土壤碳收支状况具有重要意义。

　　选择庐山不同海拔的典型森林土壤为研究对象，通过对常绿阔叶林、落叶阔叶林、常绿-落叶阔叶混交林、马尾松林、黄山松林、针阔混交林、竹林和灌丛等8种森林植被类型土壤进行实地采样及实验分析，系统研究了不同森林植被类型土壤物理、化学、生物学特性及有机碳库特征，通过森林土壤健康指数（FSHI）和土壤碳库管理指数（CPMI），对庐山不同森林植被类型土壤健康状况和土壤有机碳库状况进行了量化评价。主要研究结论如下：

（1）从不同森林植被类型土壤物理特性来看，8
种森林植被类型下凋落物层厚度整体状况良好；落
叶阔叶林下腐殖质层厚度最大，马尾松林最小，其
腐殖质层厚度随海拔高度升高呈增加趋势；马尾松
林下土壤容重最小，黏粒含量最大，黄山松林下土
壤容重最大，黏粒含量则最小。马尾松林下土壤入
渗性能及持水性能均最好，常绿-落叶阔叶混交林则
表现为最差；马尾松林下土壤蓄水量最大，灌丛最
小；马尾松林下土壤水土保持功能最强，黄山松林
最弱。表明马尾松林土壤较为疏松，通气性较好，
具有较好的入渗及持水性能，进而具有较强的水土
保持功能。

（2）从不同森林植被类型土壤化学特性来看，8
种森林植被类型土壤均呈酸性，其中竹林和常绿阔
叶林土壤酸性强于其他森林土壤；落叶阔叶林和常
绿-落叶阔叶混交林下土壤有机质、全氮及水解氮、
全磷及有效磷和CEC含量较高，而常绿阔叶林下土
壤全钾和速效钾含量最高。8种森林植被类型土壤
有机质、全氮及水解氮、全磷及有效磷和速效钾含
量均随土层深度增加呈明显降低趋势，而pH、全钾
和CEC含量随土层深度变化不大。就土壤养分状况
综合评价而言，落叶阔叶林下土壤肥力水平最高，
黄山松林最低。

（3）从不同森林植被类型土壤生物学特性来看，
由于土壤环境不同，土壤脲酶、过氧化氢酶和多酚
氧化酶活性最大的森林植被类型分别为灌丛、常绿-
落叶阔叶混交林和常绿阔叶林，竹林下纤维素酶和
酸性磷酸酶活性最强，并且随着林下土层加深，土

壤酶活性下降，这对不同森林植被类型土壤的生物化学过程产生重要影响。微生物碳（MBC）、微生物氮（MBN）、微生物磷（MBP）在不同森林植被类型下呈现不同的差异，常绿阔叶林和常绿-落叶阔叶混交林下 MBC、MBN、MBP 的平均值均明显高于其他森林植被类型，灌丛最低；随着土层加深，MBC、MBN、MBP 均明显下降。森林植被物种多样性分析表明，常绿-落叶阔叶混交林下灌木层及针阔混交林下草本层的 $(R+H)/2$ 均较高。土壤微生物群落功能多样性分析表明，落叶阔叶林、针阔混交林和黄山松林下 Shannon 指数低于其他森林植被类型，黄山松林在 0～40 cm 土层物种丰富度显著降低，表明该林下土壤微生物群落丰富度在降低，优势物种在减少。

（4）在系统分析 8 种森林植被类型土壤特性的基础上，选择灌木层 $(R+H)/2$、草本层 $(R+H)/2$、土层厚度、凋落物层厚度、腐殖质层厚度、容重、黏粒含量、有机质含量、pH、CEC、全氮、水解氮、有效磷、速效钾和磷酸酶活性等指标，通过加权综合法，计算其 FSHI，对庐山 8 种森林植被类型土壤健康状况进行量化评价。8 种森林植被类型土壤健康状况排序为：针阔混交林＞常绿-落叶阔叶混交林＞灌丛＞常绿阔叶林＞落叶阔叶林＞竹林＞马尾松林＞黄山松林。结果表明天然次生林下土壤健康状况好于人工林，针阔混交林下土壤健康状况优于针叶纯林。

（5）有机磷（SOC）主要分布于 0～20 cm 森林土层中，随着土层深度增加，不同森林植被类型

SOC 含量急剧下降；在 0～60 cm 土层中，竹林下 SOC 含量最大，马尾松林最小。不同森林植被类型平均 SOC 密度分析表明，灌丛表层土壤（0～20 cm）平均 SOC 密度最高，马尾松林最低；20～40 cm 和 40～60 cm 土层均表现为竹林 SOC 密度最高，常绿-落叶阔叶混交林最低；竹林下（0～60 cm）SOC 密度最高，黄山松林最低。从 SOC 组分来看，落叶阔叶林平均活性有机碳 ASOC 含量最小，马尾松林最大；马尾松林下 ASOC/TOC（％）大于其他森林植被类型。通过土壤碳库管理指数（CPMI）对庐山森林土壤有机碳库状况进行量化评价，结果表明，不同森林植被类型对庐山 CPMI 的提高均有不同程度的促进作用，庐山森林土壤碳库整体呈增加趋势，土壤质量较好。

变量说明

SOC_i	i 土层 SOC 密度/（kg·m^{-2}）
C_i	SOC 含量/（g·kg^{-1}）
D_i	土壤容重/（g·cm^{-3}）
E_i	土层厚度/cm
G_i	直径≥2 mm 的石砾所占的体积百分比/%
S	样地内所有物种数
N	所有物种的个体数
P_i	第 i 种的个体数占所有物种个体数的百分比
λ	特征值
F	庐山不同森林植被类型土壤水土保持功能综合评价得分
η_j	第 j 个因子的隶属度值
F_j	各主成分因子得分
X	各指标测定值
U	上限
L	下限
B_1	较低基准值
B_2	较高基准值
O	最适值
FSHI	森林土壤健康指数
A_i	各评价指标的隶属度值

K_i	第 i 个评价指标的权重
n	评价指标的个数
VGC	植物生长潜力指数
WA	水分有效性指数
NA	养分有效性指数
RS	根系适宜性指数
TOC	总有机碳
DOC	可溶性有机碳
ASOC	活性有机碳
WSOC	水溶性有机碳
CPMI	土壤碳库管理指数

目　录

第1章　绪论　001

1. 1　研究背景　001

1. 2　森林土壤特性研究进展　003

1. 3　森林土壤健康评价研究进展　010

1. 4　森林土壤有机碳库研究进展　013

1. 5　研究目标与研究意义　020

1. 6　研究内容与研究思路　021

1. 7　研究方法　023

1. 8　本章小结　029

第2章　庐山自然概况　031

2. 1　地质地貌　032

2. 2　气候　033

2. 3　水文　034

2. 4　植被　035

2. 5　土壤　040

2. 6　本章小结　042

第3章　庐山森林土壤物理特性及持水特征　044

3. 1　不同森林类型土壤物理特性分析　045

3. 2　不同森林类型土壤入渗性能分析　048

3. 3　不同森林类型土壤持水性能分析　049

3. 4　不同森林类型土壤水土保持功能评价　051

3.5 本章小结 054

第4章 庐山森林土壤化学特性及肥力特征 056
4.1 不同森林类型土壤化学特性分析 057
4.2 不同森林类型土壤化学特性的垂直分布特征 060
4.3 土壤化学特性各指标之间的相关性 066
4.4 不同森林类型土壤肥力评价 067
4.5 本章小结 069

第5章 庐山森林土壤生物学特征 071
5.1 不同森林类型土壤酶活性的变化特征 072
5.2 不同森林类型土壤微生物量的变化特征 075
5.3 不同森林类型生物多样性特征 080
5.4 本章小结 083

第6章 庐山森林土壤健康评价 085
6.1 土壤健康评价指标及其权重的确定 086
6.2 评价指标数值的标准化处理 089
6.3 不同森林植被类型 FSHI 评价 091
6.4 本章小结 093

第7章 庐山森林土壤有机碳库特征 095
7.1 不同森林类型 SOC 空间分布特征 096
7.2 不同森林类型 SOC 密度比较分析 098
7.3 不同森林类型土壤有机碳库大小及特征 101
7.4 不同森林类型 CPMI 评价 102
7.5 本章小结 104

第8章 结论与展望 106
8.1 主要结论 106
8.2 主要创新点 110
8.3 研究展望 110

参考文献 111

第**1**章

绪　论

1.1　研究背景

　　土壤是林地生态系统的重要组成部分，能够为地上林木的生长提供养分，以及协调水、肥、气、热的能力，具有缓冲与净化功能，是林木生存、生长及发挥生态功能的物质基础。森林土壤主要是多种因素共同作用的结果，由固、液、气三相组成的复杂物质体系，不同地区的土壤与周围环境密切相关，具有不同的土壤特性。森林土壤质量水平主要是由土壤物理、化学及生物学特性决定的，而土壤质量与土壤健康有一定交叉，就时间尺度而言，用土壤质量描述长时间尺度上的"内在的"和"静态的"状况，用土壤健康描述土壤短时期内"潜在的"和"动态的"状况。森林土壤健康是土壤中保持性过程与退化性过程相互作用而最终平衡的结果，它综合了土壤的多重功能。应用合适的土壤健康评分函数

(Standard Scoring Functions，SSF），将表征土壤特性的测定指标值转换为对应指标的分值，通过加权综合法评价森林土壤健康（质量）状况。

同其他类型土壤一样，森林土壤特性亦包括物理特性、化学特性和生物学特性三个方面，其中化学特性中的肥力特征是土壤形成的标志，而土壤有机质又是土壤肥力的物质基础。因此，土壤有机质含量是衡量森林土壤质量水平最重要的指标。土壤有机碳（SOC）是有机质的主要成分，存在于土壤中各种动植物残体、微生物体及其分解和合成的各种有机物质中。SOC 是森林土壤健康评价和质量监测的核心，其质量和数量影响着土壤的理化特性和生物学特性及其过程，并且影响和控制着地上植被的初级生产量，是土壤健康（质量）评价和土地可持续利用管理中的重要指标之一。

SOC 是土壤团聚体和土壤功能体现的物质基础，即造成土壤特性和功能差异的主要原因是 SOC 含量的差异。SOC 作为全球碳循环的重要环节，与大气中 CO_2 浓度及其全球气候变化有直接的联系。在维护区域生态环境及全球碳平衡方面，森林生态系统起着非常重要的作用。因此，减少森林破坏及增加森林面积等森林管理措施可以提高森林及土壤的碳贮存量，从而减缓 CO_2 在大气层中的积累速度。森林 SOC 库是陆地生态系统中的重要碳库，在全球气候变化与碳库收支平衡方面有着重要的控制作用。

作为世界地质公园和避暑胜地的庐山位于江西省北侧，地处鄱阳湖和长江的交汇口，属于亚热带季风气候，水汽来源丰富，降水量较多。第四纪以来的新构造运动使庐山形成了典型的断块山构造，其相对高程达 1000～1400 m，其中汉阳峰为最高峰，达到 1474 m。较高的海拔对庐山植被、土壤的形成和分布产生深刻的影响，山地植被和土壤具有明显的垂直地带性分布规律。其主要森林植被从山麓到山顶依次为常绿阔叶林、针叶林、落叶阔叶林和灌丛等类型，其土壤出现黄壤、红壤、山地黄壤、山地黄棕壤和山地棕壤等主要类型，森林土壤类型比较丰富。随着海拔的变化，山地生态系统的环境条件、植被类型和土壤特性等发生着显著变化，植被输入土壤的凋落物和根系分泌物及土壤碳积累状况存在较大差异。因此，研究不同海拔森林土壤特性的变化特征及其碳库储量，对深入了解庐山各森林植被类型土壤健康状况和土壤碳收支状况具有重要意义。

1.2 森林土壤特性研究进展

森林土壤是指被森林覆盖的土地及那些曾经被森林所覆盖而现为次生林地、疏林地、采伐迹地、灌木林地和各种类型无林地的土壤。森林土壤特性可以表征森林土壤的质量和健康状况。森林土壤质量是森林土壤支持森林生物生产能力和环境净化能力及促进动植物和人类健康能力的集中表现，已经成为土壤学研究的核心内容。

国外对森林土壤的相关研究比较早，Ramann（1893）把有关森林土壤的物理化学性质及生物学性质的资料进行了整理和综合，并且论述了森林土壤知识运用于某些林业实践中的重要意义；Gose（1989）论述了生物因素是主导因素，可以影响森林土壤养分的供应；Алнев（1990）论述了土壤养分有机物的生理活性及固氮作用；Worrell R and Hampson A（1997）指出土壤侵蚀、养分消耗、土壤紧实化、有机质含量及土壤水分是森林经营对土壤最主要的影响方面。近些年，国外有关森林土壤的研究主要体现以下方面：对森林土壤质量演化及其与土壤功能变化关系的研究；不同流域群落树种组成变化与流域中碳氮比的保持和流失之间相互关系的研究；对森林土壤质量退化指标、评价、监测及预报的研究；不同森林类型中一些土壤主要元素，尤其是氮元素的动态及其形态差异的研究；对森林土壤水、肥、气、热动态变化与不同林分生长关系的研究；对森林土壤生态定位研究；对土壤养分与养分利用率不同的植物类型之间关系的研究；资源可利用率对植物群落影响的研究；对森林土壤生物学活性变化的研究；对森林土壤有机碳库特征的研究；等等。

国内不少学者开展了有关森林土壤的系列研究：许景伟等（2000）对不同类型黑松混交林及纯林的土壤微生物、酶及土壤养分因子进行了测定和分析，结果表明，不同林分土壤微生物数量、酶的活性均表现出差异性，混交林土壤养分含量均高于纯林，土壤微生物数量、酶活性与土壤养分含量之间呈显著相关关系；黄宇等（2004）利用定位研究方法，综合比较了第 2 代连栽杉木纯林、杉木与阔叶树混交林及阔叶纯林 3 种人工林生态系统对林地土壤质量的影响；彭明俊等（2005）对金沙江流域 6 种不同林分下凋落物持水量及其土壤物理性质和林地土壤贮水性能等进行了研究，结果表明，不同林分下土壤物理性质及其水源涵养功能差异较明显，在相同的立地条件下，圣诞树纯林和混交林具有更好的维持地力作用和更高的水源涵养功能；何斌等（2009）对相同立地条件下 3 种不同植被恢复类型（厚荚相思林、尾巨桉林和灌草丛）的土壤性质及其水源涵养功能进行了研究，结果表明，不同植被恢复类型下土壤理化性质及其水源涵养功能存在明显的差异；陈彩虹和叶道碧（2010）对长沙市城乡交错带 4 种人工林下不同层次土壤的理化性质及土壤酶的活性进行了分析，并对其相关性进行了研究；杜有新等（2011）对庐山不同海拔森林 SOC 密度及分布特征进行研究，结果表明，海拔和坡向显著影响森林 SOC 密度；陈雪等（2012）对不同类型油松人工林下土壤理化性质及其生物学活性进行测定和分析，结果表明，不同林龄土壤理化性质存在显著差异，土壤交换性能及养分和酶活性均随土层深度的增加逐渐减低，不同林龄土壤生物学活性也存在一定的差异；李斯雯等（2019）对长白山两种森林类型土壤有机碳库及其剖面分布特征进行系统研究，结果表明，杨桦次生林比原始阔叶红松林在表层和亚表层（0～20 cm）土壤积累了更多的 SOC，而在深层土壤中 SOC 含量和密度无显著差异，表明林型或次生演替对土壤有机碳库的影响仅限于表层和亚表层；等等。

总之，国内外有关森林土壤方面的研究工作主要包括：对广大育林地区进行的森林土壤质量评价；对森林土壤物理性质及水土保持功能方面的研究；对森林土壤性质空间异质性的研究；对森林土壤有机质及养分方面的研究；对森林土壤酶活性及微生物的研究；对山区森林土壤健康评价的研究；对森林土壤有机碳库方面的研究；等等。

1.2.1　森林土壤物理特性研究进展

森林土壤物理特性是整个森林生态系统的重要组成部分，是森林水源涵养功能和水土保持效益评价的重要内容，也是陆地生态环境的主要影响因子。土壤物理特性通过影响水分及养分的保持与供应、根系的生长、气体的交换、土壤化学特性及有机质的积累而显著地影响着地上植被的生长与分布。另外，不同的森林植被类型也会对土壤物理特性产生不同的影响。目前常见的土壤物理特性包括土壤质地（颗粒组成）、容重、硬度、毛管持水量、水分（含水量）、孔隙度及土层厚度等。

土壤质地（颗粒组成）不仅决定土壤蓄水能力的大小，而且决定土壤水分有效性地供给，是林木生长、发育的主导因子。不同森林植被类型特有的生物学属性及生态学特性，对土壤颗粒组成产生不同的影响。吴蔚东等（1996）对不同林地的土壤颗粒组成进行了研究，结果表明，常绿阔叶林在人为更新为杉木纯林和杉阔混交林后，通过侵蚀和机械淋洗作用，表层土壤颗粒的黏粒部分被选择性地冲刷，而土壤颗粒的粗骨成分相对累积，使土壤颗粒组成产生突变。田大伦等（2003）对不同林分下土壤质地进行了研究，结果表明，不同林分类型对土壤质地产生不同的影响，针阔混交林改善林地土壤质地最优。耿玉清（2006）对北京地区不同林分类型土壤的颗粒组成进行了研究，结果表明，不同林分类型对土壤砂粒及黏粒的含量有一定的影响，颗粒组成大小排序为：天然次生阔叶林＞华北落叶松林＞鼠李灌丛、油松混交林＞油松纯林；荆条灌丛土壤砂粒含量最高、土壤黏粒含量最低。林培松（2008）对清凉山库区天然常绿阔叶林地和人工桉树林地土壤颗粒组成进行了研究，结果表明，两种林地立地条件相似，但其土壤颗粒组成存在明显差异。

土壤容重反映土壤结构的好坏及土壤的松紧程度，是鉴别土壤肥力的重要指标，土壤容重与土壤孔隙度呈负相关。黄承标和梁宏温（1999）对不同林地的土壤容重进行了研究，结果表明，阔叶林或针阔混交林下凋落物量大，林地有机质含量丰富，土壤结构得到不断地改善，其林下土壤容重＜纯针叶林。贾忠奎等（2005）对北京几种不同的侧柏林分下土壤容重进行了研究，结果表明，各种林分类型间土壤容重差异不大，基本变化在 $1.5 \sim 1.8\ \mathrm{g \cdot cm^{-3}}$ 之间，总的趋势是各个林分类型的上层土壤容重＜下层土壤容重。刘少冲等（2007）对不同林型土壤容重和孔隙状况进行了研究，结果表明，同一土层不同林分类型下土壤有机质含量和孔隙状况大小排序为：锐齿栎林＞油松林＞草丛；而土壤容重的变化趋势则相反。

土壤硬度是土壤的基本物理特性之一，对林下土壤水分状况、植物根系的发育和分布等都有重要意义。杨喜田等（2005）以赤松为实验材料，研究土壤硬度对播种苗和栽植苗根系发育的差异性，结果表明，在紧实的土壤条件下，播种苗的根系生长要优先于地上部的生长；当土壤硬度＞25 mm 时，栽植苗的根系很难穿透植树穴，从而使根系发生缠绕。陈学文等（2012）以吉林省德惠市 8 年黑土田间定位试验的小区土壤为研究对象，对不同耕作方式下土壤硬度和容重进行了研究，结果表明，免耕处理的土壤硬度曲线起伏较小，可以增加其土壤硬度，土壤容重与土壤硬度之间相关性不显著。

1.2.2　森林土壤化学特性研究进展

土壤化学特性涉及土壤固相和液相的无机反应和十分复杂的土壤生物化学过程。目前反映土壤化学特性的指标主要有：土壤 pH、有机质、阳离子交换量（CEC）、全量养分及速效养分等。

土壤 pH 影响着植物的生长和分布，是表征土壤活性酸的重要指标，对养分的固定与释放具有重要作用。它主要取决于土壤溶液中 H^+ 浓度，H^+ 多来源于吸附性 Al^{3+} 及土壤生物呼吸作用产生 CO_2 溶于水后的碳酸和有机质降解产生的有机酸，不同森林植被下人为抚育措施在一定程度上可以增加土壤通气性，提高土壤氧化还原电位而改变土壤的 pH，从而直接影响森林土壤中养分的存在状态、转化和有效性。游秀花和蒋尔可（2005）对武夷山风景区的马尾松林、杉木林、阔叶林、经济林、竹林、茶园林下不同层次土壤的化学性质进行了研究，结果表明，就同一森林类型而言，不同层次的土壤养分存在着明显的差异，除 pH 外，其他土壤养分指标基本上呈现出随土壤深度的增加而减少的趋势，由于人为干扰的影响，人工林地土壤养分普遍高于天然林。陈雪等（2012）对不同林龄油松人工林下土壤 pH 进行测定和分析，结果表明，不同林龄油松人工林地土壤 pH 差异显著，在同一区域内不同林龄间，随着林龄的增加，林地内腐殖质化程度较高，在针叶林中导致土壤酸度增加，即 pH 随林龄的增加而降低。

土壤有机质是土壤固相部分的重要组成成分，它与土壤矿质部分共同作为林木营养的来源，它的存在能够直接影响和改变土壤的一系列物理、化学和生物学性质。土壤有机质含量的多少，是表征土壤肥力高低的重要指标之一。王琳等（2004）对贡嘎山东坡自然垂直带土壤有机质和氮素分布特征的研究表明，贡嘎山东坡表层土壤有机质和全氮含量随海拔升高有上升趋势，但在针阔混交林以上出现波动，在群落过渡带处出现显著峰值，气候和植被类型的综合作用决定了有机质和氮素的空间分布；土壤中的氮素主要以有机氮的形式存在于土壤有机质中，土壤碳氮比与有机质含量显著相关。耿玉清等（2006）对北京八达岭森林土壤研究表明，在油松纯林中混入的阔叶树种，可显著地提高有机质的含量；荆条灌丛土壤有机质高于油松纯林 12.87%，积累有机质的效果明显。

CEC 是指土壤胶体所能吸附各种阳离子的总量，其数值以每千克土壤中含有各种阳离子的物质的量来表示，即 mol（＋）·kg^{-1}。CEC 是土壤的一个很重要的化学特性，它是影响土壤缓冲能力高低，也是评价土壤保肥能力、改良土壤和合理施肥的重要依据。一般认为 CEC 低于 10 cmol（＋）·kg^{-1} 的土壤保肥能力差，土壤肥力低。王库等（2002）以多年野生芨芨草地土壤为研究对象，以自然植被下的土壤作为参照，通过试验证明，芨芨草能较大地提高土壤速效磷及速效钾的含量；还能提高土壤 CEC，降低土壤的 pH。李海鹰等（2007）对溧水县 33 个土壤样点的 CEC 进行了测定，结果表明，溧水县有71.69%的面积其土壤处于中等保肥供肥能力水平。全县土壤 CEC 为 5～10 cmol（＋）·kg^{-1} 的土壤在低山的面积百分比大，占 56.21%；CEC 为 10～20 cmol（＋）·kg^{-1} 在平原的面积百分比大，占 82.23%；CEC＞20 cmol（＋）·kg^{-1}的土壤只在平原中出现，占 0.30%。单奇华（2008）对南京城市林业土壤进行系统研究，结果表明，0～20 cm 土壤的 CEC 平均为 16.52 cmol（＋）·kg^{-1}，20～40 cm 土壤的 CEC 平均为 17.43 cmol（＋）·kg^{-1}，南京城市林业土壤的保肥能力较强。

土壤养分包括全量养分（氮、磷和钾）和速效养分（水解氮、有效磷和速效钾）。全氮量及水解氮能较好地反映出近期内土壤氮素供应水平，全磷量及有效磷的含量标志着土壤供磷能力的大小。钾素是植物生长所必需的营养养分之一，植物所能利用的钾是速效钾，它能真实地反映土壤中钾素的供应情况。杨万勤等（2001）对缙云山不同演替阶段的森林土壤速效钾含量的研究表明，不同演替阶段的土壤全钾及速效钾含量的大小顺序表现为：灌草丛＜针叶林＜针阔混交林＜常绿阔叶林，而且植物的物种多样性指数与腐殖质层土壤速效钾含量呈显著或极显著正相关。姜春前等（2002）对不同发育阶段的落叶松林地土壤养分研究结果表明，根际土壤水解氮含量由幼龄林到中龄林增大，中龄林到成熟林降低；非根际土壤水解氮含量由幼龄林到中龄林增大，中龄林到近熟林降低；近熟林到成熟林略有增加；落叶松人工林各年龄阶段根际、非根际土壤全磷量差异达到极显著水平；全磷量均低于天然次生林。游秀花和蒋尔可（2005）对武夷山风景区的 3 类天然林和 3 类人工或半人工林地土壤进行了研究，结果表明，全氮为：马尾松林＜阔叶林＜杉木林＜经济林＜竹林＜茶园；水解氮为：马尾松林＜杉木林＜阔叶林＜茶园＜经济林＜竹林。耿玉清等（2006）对北京八达岭森林土壤研究表明，华北落叶松林和油松纯林土壤速效钾含量均低于相对应阔叶林或针阔混交林，在针叶树纯林中适当混入阔叶树种有利于土壤速效钾含量的提高。薛文悦等（2009）对北京地区几种主要针叶林下土壤肥力（养分）水平的研究结果表明，各土层均符合：落叶松林＞侧柏林＞白皮松林＞油松林。

1.2.3　森林土壤生物学特性研究进展

土壤生物学特性能够敏感地反映土壤质量和健康状况的变化，它是土壤质量（健康）评价不可缺少的指标。有关土壤生物学特性包括土壤酶和土壤微生物量碳（MBC）、微生物量氮（MBN）、微生物量磷（MBP）及土壤微生物群落功能多样性，近年来，对有关土壤微生物多样性的研究越来越受到重视。

关松荫（1980）认为，土壤酶实质上是土壤中存在的一类能够催化土壤进行生物化学反应的蛋白质；杨万勤等（1999）在对群落演替过程中土壤酶活性的变化和分布特征及植物多样性对土壤酶活性影响的研究中发现，土壤酶活性变化规律不仅与群落的演替有关，而且与植物的种类组成有关；许景伟等（2000）对不同类型黑松混交林土壤酶、微生物及其与土壤养分关系的研究表明，不同林分土壤酶的活性和微生物数量均表现出差异性，混交林土壤养分含量均高于纯林，土壤酶活性、微生物数量与土壤养分含量之间呈显著相关关系，可作为评价土壤肥力的指标；杨万勤等（2001）进一步研究表明，不同演替阶段的森林生态系统的植物多样性与土壤过氧化氢酶、土壤转化酶、酸性磷酸酶等酶活性呈显著正相关；杨万勤和王开运（2002）认为，土壤酶不仅是森林生态系统中十分重要的组成部分和森林土壤肥力的重要生物学指标，而且是森林生态系统中生物元素循环和能量转换过程的积极参与者，是森林生态系统结构和功能及森林生态系统过程研究中不可少的内容。

　　土壤微生物量包括 MBC、MBN、MBP，它是表征土壤生物学活性的重要指标，也是反映土壤肥力及保持土壤质量可持续性演变的重要指标，对养分转化、释放及对有害物质的降解转化等方面均起着重要作用。Wardle 等（1992）认为，微生物维持生命活动所需要养分资源供应情况是调节土壤微生物量增长的驱动因子；陈国潮等（1999）对 3 种不同质地的红壤 MBC 和 MBN 的周转期进行了研究，结果表明，季节性变化能显著影响红壤 MBC 和 MBN，具体表现为：夏季＞冬季，春秋季处于二者之间；毛青兵（2003）对天台山七子花群落下 MBC 的季节动态进行研究，结果表明，MBC 的季节变化呈单峰曲线，5～9月逐渐增加，9 月达到高峰，10 月份开始下降；Barbhuiya 等（2004）认为，植物在雨季对土壤养分的需求量很大，限制了土壤微生物对养分的利用，故而雨季 MBC、MBN、MBP 含量最低，干旱季节最高，这表明植物生长对养分的吸收和养分在土壤生物体内的保持具有同步性；Saynes 等（2005）对墨西哥季节性干旱热带森林中的对比研究，结果表明，原始植被土壤微生物量在干旱季节最大，雨季初期最小，而演替早期和演替中期的次生林在雨季初期最大，在雨季中期最小；王国兵等（2008）对江苏下蜀次生栎林与火炬松人工林下 MBC进行了研究，结果表明，2 种林分的 MBC 呈明显的季节性波动，均在植物生长旺季维持在较低水平，而在植物休眠季节维持在较高水平。

　　俞慎等（1999）认为，土壤微生物是土壤生命活体的主要组成部分，特别是在土壤质量演变过程中，土壤微生物具有相对较高的营养转化能力，作为灵敏的指示指标，能较早地预测土壤有机物的变化过程；章家恩等（2002）对 6种土地利用方式下的土壤微生物数量与肥力关系的研究发现，从多样性指数来看，粮作旱地＞菜地＞果园＞荒地＞水稻田＞鱼塘底泥；姚槐应等（2003）对8 种供试红壤微生物群落的功能多样性和结构多样性进行了研究，结果表明，茶叶园土中微生物对各类碳源的利用能力均很低，呈现出非常独特的微生物功能多样性，采用磷酸酯脂肪酸法无需培养就能鉴别土壤微生物的组成结构，总磷酸酯脂肪酸含量与微生物生物量呈显著相关，不同的土地利用方式能显著影响土壤微生物功能多样性；郑华等（2004）对不同类型土壤微生物群落进行了研究，结果表明，草地和森林土壤微生物群落多样性和功能多样性高于农耕地土壤，而非耕地土壤高于耕地土壤，天然林地一般高于人工林地；杨成德等

(2008)认为，土壤微生物既可固定养分，作为暂时的"库"，又可释放养分，作为养分的"源"，从而影响生态系统中能量流和物质流，进而影响到生态系统中植物营养、植物健康生长、土壤结构和土壤肥力。

1.3　森林土壤健康评价研究进展

对森林土壤的研究，使用森林土壤健康更符合林业工作者的习惯。森林土壤健康与林业的可持续发展和环境质量的改善息息相关，森林土壤健康评价是诊断森林土壤退化及由此引发的森林土壤结构紊乱与功能失调。森林土壤健康评价的关键是构建合理的评价指标体系，其次是选择恰当的评价方法。目前对森林土壤健康的研究不多，对森林土壤健康评价指标的研究还处于初步探索阶段。

1.3.1　土壤健康评价指标研究进展

评价内容与指标体系的选择构建是森林土壤健康评价的基础，评价指标合理与否直接关系到评价结果的正确性。针对各种土壤特性，将土壤质量（健康）评价指标分为动态和静态的指标。目前常用的分类方法是将土壤健康评价指标分为描述性指标和分析性指标2大类。

森林土壤健康评价的描述性指标一般包括：土壤疏松柔软、土层深厚、颜色深黑、含水量适宜、排水性能好、石砾含量较低、有蚯蚓等改土动物生存、无土壤结皮。我国古代就有使用"观其色、嗅其味、感其质"的土壤评价方法，古罗马文献中也有通过查看土壤颜色、尝试土壤酸碱性的相关记载。森林土壤健康评价的描述性指标随着科技水平的提高不断得到丰富和完善。

森林土壤健康评价的分析性指标一般可以分为物理指标、化学指标和生物学指标 3 类。Burger J and Kelting D（1999）综合土壤物理、化学和生物指标的研究表明：土壤健康与林分间的关系密切，提出以土壤质量作为衡量林业可持续发展水平的指标。Saviozzi A 等（2001）通过对农耕地、森林和天然草原土壤质量的比较评价，结果表明，SOC 和水溶性有机碳（Water-soluble Organic Carbon，WSOC）对土壤经营措施的变化敏感，可用于指示土壤耕作及不同干扰程度。Nielsen M and Winding A（2002）详细论述了土壤微生物指标的内容，由于土壤生态系统和微生物群落的多功能性，土壤健康的微生物指标和测定方法也应具有多样性；并基于最小数据集理论说明了土壤微生物指标的选择和测定方法。骆土寿等（2004）对顺德森林改造区不同林分下土壤健康指标进行分析，结果表明，森林改造对土壤养分和重金属含量等影响显著。杨鹏等（2010）采用萨维诺夫干筛法和主成分分析法分析评价了沿海破坏山体周边（烟台）7 种植被恢复模式的土壤健康状况，结果表明，灌草丛土壤健康状况最差，麻栎-黑松混交林最优。沈文森（2010）在北京西山试验林场选取 8 种林分类型作为研究对象，系统分析 8 种林分类型下土壤理化性质和土壤酶、植物多样性等指标，获取了低山地区不同人工林地土壤健康特征的数据，综合评价人工林地土壤质量（健康）状况。

1.3.2　土壤健康评价方法研究进展

森林土壤健康评价方法可分为定性和定量评价 2 种：（1）定性评价方法是一种以土壤健康描述性指标为基础，以分析性指标为辅助的评价技术手段。这种方法操作简单易行、成本费用低廉，但受研究者主观经验影响较大，在生产实践中应用较为广泛，很少应用于科研实践。（2）定量评价方法是以土壤健康分析性指标为依托的评价技术手段。

目前，对常用的土壤健康定量评价方法作一综述。Gelsomine A 等（1999）以土壤 pH 和电导率为变量，采用克立格法对草场和森林的土壤质量进行对比分析。王效举和龚子同（1997）引入相对土壤质量指数，对千烟洲试验站开垦利用11年后不同土地利用方式下的土壤质量变化特征进行研究，结果表明，在自然过程中，原来的疏林灌草地若不受人为破坏，几年之内便可恢复为稠密的乔灌林草植被，土壤质量不断提高；在人为破坏的条件下，则向着草丛地、疏草地、裸地逐渐演变，土壤质量逐渐恶化。许明祥等（2005）对黄土丘陵区侵蚀土壤的质量进行评价，结果表明，运用模糊数学综合评价法能够较好地反映土壤质量的实际情况，揭示土地利用方式变化对土壤质量的影响。周金星等（2006）运用灰色关联分析法对湘西女儿寨流域不同植被恢复模式的土壤结构健康进行了评价，结果表明：土壤结构以荒草丛最差，油桐人工林最优，其他植被类型介于两者之间。陈琨（2009）对BP神经网络的土壤适宜性评价方法进行了研究，并对BP神经网络模型进行了3个方面的改进，提高了网络模型的性能。钱登峰（2007）和任丽娜（2012）利用主成分分析方法分别对华北土石山区典型植物群落和人工林的土壤健康状况进行评价。

从国外文献来看，森林土壤健康的研究领域主要集中在两个方面：一是研究评价指标；二是研究不同实践过程或不同利用方式对土壤健康的影响。我国对土壤质量和土壤健康的研究较晚。对土壤质量（健康）指标的研究主要体现在指标的可靠性和有效性方面，对其敏感性研究相对较少。森林土壤健康评价的比较研究中，指标的选择是非常关键的。

目前的研究方法有2种：一是注重单个土壤健康评价指标的对比分析；二是采用森林土壤健康指数（Forest soil health index，FSHI），对林地类型进行综合评价。尽管目前国内外对土壤质量（健康）存在争议，在评价中存在不少难以准确判断的问题，如评价指标的选择是否合理、各指标的权重及阈值范围的大小等，但有学者认为土壤健康综合评价结果比单项评价指标更具有说服力。

1.4　森林土壤有机碳库研究进展

1.4.1　土壤有机碳库组成研究进展

SOC 组分大致可分为化学组分、物理组分、生物组分及溶解性组分等几大类。Prentice 等（1990）根据 SOC 的不同组分在土壤微生物降解过程中的稳定性差异，把土壤有机碳库分为活性库、缓性库和钝性库。吴庆标等（2005）根据 SOC 的不同组分在土壤微生物降解过程中的稳定性差异，把土壤有机碳库分成活性、慢性和惰性 3 大类：（1）活性碳库包括糖类、氨基酸和大部分的未分解有机碎屑等，它们极易在土壤微生物的作用下发生分解；（2）慢性碳库则包括半分解有机物、有机团聚体和少部分未分解有机碎屑等，它们对土壤微生物降解具有一定的抵抗力，但在干扰的情况下易发生结构性的变化，从而影响其抵抗微生物降解作用的能力；（3）惰性碳库包括非亲水性有机物及与黏粒、粉粒矿物结合的有机酸复合体等，它们对土壤微生物降解具有较强的抵抗力，能较长时间地存在于土壤中。

Krull 等（2003）和 Bruun 等（2007）认为，土壤有机碳库根据其活性分为两部分：一是不稳定态碳库（又称活性有机碳库），容易被矿化的部分，周转时间仅有数月到几年时间；二是稳定态碳库（又称为非活性有机碳库），能够在土壤中稳定几十年甚至更长时间。周焱（2009）认为，用化学分组、物理分组、生物学分离等 3 种方法把土壤有机碳库区分为活性有机碳库和惰性有机碳库 2 大库：（1）化学分组方法可以采用酸水解活性有机碳（Active Soil Organic Carbon，ASOC）、高锰酸钾氧化 ASOC 或用热水提取 ASOC，每一种方法都假定通过微生物酶分解的 SOC 具有经过化学反应后抵抗力减弱或在热水中可溶性加大的特性；（2）物理分组方法是根据颗粒的密度或颗粒活性和惰性组分的颗粒大小来进行分组，密度分组法是采用一定相对密度的溶液，把 SOC 区分为轻碳和重碳，它也可以与颗粒大小分组法联合使用，而颗粒大小分组法是直接从土壤机械分析中颗粒分组的筛选和沉降法沿袭而来，与砂粒结合的那部分碳被认为是 SOC 中的活性部分；（3）生物学分离经典的方法是在没有新的 SOC 输入和温湿度控制的条件下，让土壤微生物矿化 SOC，从而把 ASOC 跟惰性碳分离出来。此外，采用熏蒸培养法和熏蒸浸提法对土壤微生物量进行测定也是较常采用的生物学分离方法。

在对土壤有机碳库的研究中，由于土壤活性有机碳库的特殊重要性，近年来已成为碳循环研究工作的重点。因 ASOC 的种类多，不同研究方法所划分的 ASOC 还存在一定的差异，不同研究人员对土壤 ASOC 的具体组成迄今为止还没有统一的认同标准。徐秋芳（2003）认为，ASOC 是指土壤中移动快、稳定性差、易氧化、易矿化，并对植物和土壤微生物活性较高的那部分碳，常可用 WSOC、MBC 和易氧化有机碳（Easily Oxidation Carbon，EOC）等来进行表征；不同森林类型，由于其凋落物数量、类组及分解行为不同，因而形成的土壤碳库大小与特征将存在较大差别，林地不同利用特别是强度利用后，土壤活性有机碳库将会发生较大变化。王淑平（2003）认为，ASOC 主要有水溶性碳、易氧化碳、轻组有机碳、颗粒碳等。周纯亮（2009）认为，土壤活性碳是指在一定的时空条件下受植物、微生物影响强烈，具有一定溶解性，且在土壤中移动较快、不稳定、易氧化、易分解、易矿化，其形态和空间位置对植物和微生物有较高活性的那部分土壤碳，它是土壤圈中一种十分活跃的重要化学物质，其组分并非是一种单纯的化合物，而是 SOC 中具有相似特性和对土壤养分、植物生长乃至环境、大气和人类产生较高有效性的那部分有机碳；常用可溶性有机碳（Dissolved Organic Carbon，DOC）、MBC、EOC 等来表征。

1.4.2　土壤有机碳库影响因素研究进展

SOC 通过植物残体分解后输入，通过土壤呼吸和土壤淋溶等过程而流失。

通过这些过程，一方面使 SOC 贮量增加，另一方面又使 SOC 贮量降低；同时，通过这些过程也使土壤碳库和大气碳库、植被碳库、水域碳库互相联系和互相影响。

影响土壤有机碳库的因子主要有：（1）气候因子变化一方面提高了植被的生产力，同时又加快了土壤呼吸速率，最终将会导致 SOC 贮量的变化；（2）土壤因子对 SOC 贮量的影响主要通过土壤结构、养分状况及土壤理化性质等方面的差异来体现；（3）植被因子表现为森林植被类型不同，有机物进入土壤的量和进入的方式各异，SOC 分解环境条件也大不相同，从而导致不同森林植被类型 SOC 贮量大小和分布的差异；（4）人为因子强加在自然因素之上，可引起土地利用、覆盖的变化，从而导致整个碳贮量发生变化。

Heijden 等（1998）总结认为，不同植物品种的微气候环境、地上植被覆盖物、根系分布的垂直模式、凋落物的化学组成、根的活性等的不同都会导致土壤微生物数量和活性的不同，不同的微生物数量和活性对 SOC 不同组分的降解能力不一样，从而导致 SOC 周转速率的不同。Kalbitz 等（2000）对 SOC 的垂直分布和它与气候、植被的关系做了研究，结果表明，植物的功能类型显著影响 SOC 的垂直分布。黄昌勇（2000）认为，气候因子在 SOC 的动态变化中起主要作用，一方面，气候条件制约植被类型，影响植被的生产力，从而决定输入 SOC 量；另一方面，从 SOC 的输出过程来说，微生物是其分解和周转的主要驱动力，气候通过土壤水分和温度等条件的变化，影响微生物对 SOC 的分解和转化。张忠启（2010）对 SOC 储量影响因素的研究结果表明，自然因素和人为因素都会影响 SOC 的储量，特别是近几十年来人类越来越多的干扰，如毁林、改变土地利用方式等导致某些区域 SOC 储量锐减，一方面造成土壤内在的质量下降、土地退化、土地生产力丧失、荒漠化扩展等环境的负面效应，另一方面增加了碳向大气的排放，加大温室效应影响全球气候变化。

1.4.3　森林土壤有机碳库研究现状

由于森林 SOC 对森林土壤质量和环境的重要性，国外对森林 SOC 的研究，特别对森林 ASOC 的研究一直是热点问题。Fresquez P R（1986）将 SOC 分成可降解植物、抗分解植物、生物有机碳、物理稳定有机碳及化学稳定有机碳等 5 类。Chandar K and Brookes P C（1991）认为，ASOC 可以在土壤全碳变化之前反映土壤微小的变化，对于调节土壤营养元素的生物地球化学过程、矿物风化、土壤微生物活动及其他土壤化学、物理和生物学过程具有重要意义。Kandeler 等（1997）研究表明，与砂粒结合的那部分碳相对于与土壤黏粒和粉粒结合的土壤有机质而言，被认为是 SOC 中的活性部分，即 ASOC。Bridge 等（2001）认为，土壤颗粒碳在次生林地和原生林地间有很大的变化，可以作为土地利用变化的敏感指示物。Mclauchlan and Hobbie（2004）将 EOC 划分为 3 个组分：组分Ⅰ为被 33 mmol・L^{-1} KMnO$_4$ 氧化所得；组分Ⅱ为被 33～167 mmol・L^{-1} KMnO$_4$ 氧化所得；组分Ⅲ为被 167～333 mmol・L^{-1} KMnO$_4$ 氧化所得。结果表明，组分Ⅱ、Ⅲ不能很好地响应土地变化，组分Ⅰ受土地利用影响较大，同时发现组分Ⅱ含量占组分Ⅰ的 77%，组分Ⅲ含量较少，只占组分Ⅰ的 30% 左右。Roesch LF 等（2007）认为，由于森林土壤表层能获得较多凋落物，其树木根系分布又比农作物深，因此 ASOC 形成量较大；同时 EOC 对木质素或木质素结合物特别敏感，也促使森林 EOC 高于其他土地利用类型。

　　国内对森林 SOC 的研究主要表现为 6 个方面：（1）对森林土壤有机碳库的研究。程先富等（2004）根据江西兴国县 84 个样点和 50 个剖面的采样数据、土壤有机质含量，统计土壤各类型分布面积，估算出该地区森林土壤有机碳库的大小，结果表明：兴国县森林 SOC 的分布特征为西北部和东北部高，中部和西南部低；在 20 cm 深度内总量为 559.38×10^4 t，平均 SOC 密度为 2.47 kgC・m^{-2}，在 100 cm 深度内总量为 1437.19×10^4 t，平均 SOC 密度为 6.36 kgC・m^{-2}。邵月红等（2006）对长白山不同森林植被下 SOC 的分解动态和土壤碳库各组分大小、周转时间进行研究，结果表明：不同森林植被下土壤有机碳库的大小顺序为冷杉林＞针阔混交林和阔叶林＞针叶林；其表层土壤的总有机碳（Total Organic Carbon，TOC）、活性碳、缓效性碳和惰效性碳含量都明显大于下层；其枯落物的化学组成主要决定活性碳库、缓效性碳库含量，土壤的黏粒含量等性质主要决定惰效性碳库含量。张修玉等（2009）对广州 2 种典型森林土壤有机碳库分配特征进行了研究,结果表明:2 种森林 SOC 表层含量及其差异程度最高,随土壤深度增加,差异逐渐减小;2 种森林 ASOC 含量为马尾松林<常绿阔叶林;幼龄林与中龄林的土壤有机碳库大于相应的地上部植被有机碳库,而成龄林的土壤有机碳库小于植被有机碳库;土壤有机碳库占森林生态系统总有机碳库的比例随着生物量的增长呈下降趋势。戴全厚等(2008)、薛萐和刘国彬(2009)采用时空互代法,探讨不同年限的人工林在生态恢复过程中土壤 ASOC 和碳库管理指数(Carbon Pool Management Index,CPMI)的变化特征。

(2)对不同植被类型下 SOC 的研究。陈亮中(2007)选择长江三峡库区马尾松针叶林、栎类混交林等 11 种主要森林植被类型下 SOC 为研究对象,采用土壤类型法和植被类型法分别对三峡库区土壤类型背景碳库及主要森林植被类型下土壤总有机碳库进行了估算,并对三峡库区主要森林植被类型 SOC 的组成、分配特征及其影响因子进行了分析,探讨库区主要森林植被类型下 SOC 的分配规律及其与各影响因子之间的关系。王阳和章明奎(2011)对在乌岩岭自然保护区采集的 6 类自然植被下 SOC 总量、颗粒态有机碳和黑碳碳库的分布特征进行了分析,结果表明:不同植被下 SOC 总量、颗粒态有机碳贮量排序为:常绿阔叶林>常绿落叶阔叶林>灌草丛>针阔混交林>针叶林>毛竹>农地;黑碳贮量由高至低依次为常绿阔叶林、常绿落叶阔叶林>农地>灌草丛>针阔混交林>针叶林>毛竹;农地 SOC 的稳定性明显高于森林土壤,当林地开垦转变为农地后,颗粒态有机碳优先比其他 SOC 分解和下降,而黑碳却有增加的趋势。

(3)对森林 ASOC 的研究。徐秋芳(2003)研究了亚热带具代表性的常绿阔叶林、马尾松林、杉木林和毛竹林 4 种森林类型 ASOC 的含量、空间变异、年动态变化规律及其与土壤其他肥力指标的关系,结果表明:4 类森林植被下 ASOC 含量表现为常绿阔叶林和毛竹林明显高于杉木林和马尾松林;常绿阔叶林根区 WSOC 含量显著高于马尾松林和杉木林根区;毛竹林下 TOC、WSOC、MBC 与矿化态碳含量之间有极显著相关性,各类 ASOC 与土壤全氮、水解氮含量间相关性也均达显著或极显著相关。汪伟(2008)选择福建省建瓯市万木林自然保护区 6 种天然常绿阔叶林为研究对象,研究其 DOC 和 MBC 两种 ASOC 在土壤剖面中的分布特征、季节动态和相关特征,以及 SOC 与 DOC 和 MBC 间的相互关系。莫汝静（2012）对岷江上游森林 ASOC 组分进行了研究，结果表明，在常绿阔叶林、针阔混交林、灌木林、灌草地这 4 种植被类型下的 WSOC、DOC 和 EOC 含量都存在显著差异。

（4）对森林 SOC 组分分解方面的研究。李海鹰（2007）对实验室培养下中国亚热带和温带 SOC 分解特征进行了研究，结果表明：不同地区不同植被下 SOC 分解速率呈现相同的变化规律，前期分解速度较快，后期分解速度变慢；通过建立一种可以用来描述各种 SOC 分解的一般性方程模式，能够较好地说明 SOC 分解规律，探讨不同地区森林 SOC 分解的变化规律。李小平（2012）对川南 3 种林地 TOC 及其物理、化学和稳定性组分进行研究，结果表明：不同林地 TOC 和各组分 SOC 含量排序为：天然常绿落叶阔叶林＞水杉林＞柳杉林；人工更新过的水杉林和柳杉林通过改变林下土壤物理、化学性质及微生物活性来降低各 SOC 组分在土壤中的含量与分布，从而降低 SOC 的质量与活性，使土壤活性与肥力降低。安晓娟（2013）选取中国具有代表性特点的 6 种天然林下的土壤为研究对象，分析了不同林分类型下土壤矿化碳的动态变化过程，利用双指数方程拟合获得土壤活性碳、缓效性碳和惰性碳的含量数据，并进一步通过相关分析和方差分析等分析方法，研究比较出不同林分的 SOC 及其组分的变化特征。

（5）对森林 SOC 储量与分布的研究。林培松和高全洲（2009）采用野外调查、取样和室内实验分析相结合的方法，研究韩江流域典型区 4 种主要林分下 SOC 储量的分布特征，结果表明：4 种林分类型 SOC 平均含量在 8.48～11.93 $g \cdot kg^{-1}$ 之间，常绿阔叶林最高，其次为针阔混交林，桉树林最小；各林分类型 SOC 密度差异显著，SOC 储量随土壤深度增加呈减小趋势。刘玲（2013）对长白山落叶松天然林、长白山落叶松人工林、天然阔叶混交林和天然针阔混交林 4 种典型森林类型下 SOC 及养分空间异质性进行研究，结果表明：0～20 cm 和 0～60 cm 土层的半方差函数模型为高斯模型和指数模型，分形维数表现出不同方位 SOC 储量的均一程度；回归克里格插值方法考虑地形因子的影响并分离残差用于提高预测的精度，对空间分布的预测更加详细和接近实际。

（6）对森林 SOC 影响因素的研究。缪琦等（2010）研究了气候因子对森林

SOC 密度的影响随幅度变化的规律及不同幅度下的主控气候因子，结果表明，年均降水量与 SOC 密度的相关性均随着幅度的减小而减弱，而年均气温与 SOC 密度的相关性随幅度变化的规律不明显，有较强的区域差异。杨秀清和韩有志（2011）对关帝山森林 SOC、全氮及碳氮比的空间变异特征与分布格局进行了研究，结果表明，人工林 SOC、全氮及碳氮比在空间分布上破碎化程度较高，而次生林各指标则呈较规则的斑块状分布，这与森林演替和植被类型、植被受干扰程度及地形等因素密切关系。

已有研究表明，森林土壤是全球碳循环的重要研究对象，目前研究较多是森林土壤的理化性质与土壤肥力问题，对森林土壤生物学性质方面的研究相对较少，并且不够系统和深入；对森林 SOC 方面的研究主要围绕 SOC 密度、储量及影响因素，已有的林地 SOC 变异性相关研究结果差别较大，很多规律和机理仍需进一步探讨。同时整理文献发现，目前有不少学者对森林土壤开展大量研究，如对泰山南坡、皖南山地、新疆天山等山地森林土壤开展研究。

对庐山森林土壤的相关研究主要有：潘根兴等（1993）对庐山森林土壤理化性质变化的研究；张贤应等（1999）对庐山土壤 S 组分分布特征的研究；王连峰等（2002）对庐山森林生态系统土壤溶液溶解有机碳分布的研究；姜永见等（2008）对庐山红土颗粒粒径体积分形特征的研究；关雪晴和吴昊（2008）对庐山土壤中微量元素分布特征的研究；杜有新等（2011）对庐山不同海拔森林 SOC 密度的研究；陈相宇等（2012）对庐山土壤速效钾垂直分布特征的研究；杜有新等（2013）对庐山森林土壤氮磷有效性和酶活性的研究；丁园等（2013）对庐山森林土壤重金属含量分析的研究；谢约翰（2016）对庐山土壤养分状况的研究。总之，有关庐山森林土壤特性及质量（健康）综合评价和 SOC 密度及含量的系统研究还不多见。因此，在实际野外调查和土壤采样的基础上，选择庐山不同海拔梯度不同森林植被类型土壤作为研究对象，对其物理、化学、生物学特性和 SOC 开展系统分析研究，为深入了解庐山森林土壤健康状况和有机碳库状况，揭示该地区不同森林植被类型土壤有机碳库的大小及其分布特征，厘清 SOC 不同组分与土壤特性之间的关系，采取有效营林措施提高该地区森林土壤健康水平和土壤碳库管理水平提供科学的基础数据。

1.5　研究目标与研究意义

1.5.1　研究目标

（1）通过野外实地考察，选取有代表性的森林植被类型土壤并进行实地采样，在实验室分析的基础上建立研究区不同森林土壤数据库，为土壤特性和土壤有机碳库特征分析奠定基础。

（2）在获取土壤物理、化学和生物学特性指标数据的基础上，构建适合庐山森林土壤健康评价的指标体系，运用 FSHI 对庐山森林土壤健康状况进行综合评价。

（3）通过不同森林植被类型之间的 SOC 密度对比分析，揭示庐山不同森林土壤有机碳库的差异及其分布特征，厘清 SOC 组分与土壤特性之间的关系，并运用土壤 CPMI 对庐山森林土壤碳库状况进行评价。

1.5.2　研究意义

（1）系统研究庐山不同森林植被类型土壤特性及其健康评价，为亚热带山地土壤质量监测指标体系的确立提供基础数据；通过对庐山森林土壤特性的相关研究，揭示森林土壤生产力大小的同时，也可为该地区制定行之有效的造林、育林措施，进一步摸清森林土壤健康水平的内部机制，改善现有森林结构，促进山地森林生态系统自然化发展。

（2）探讨庐山森林 SOC 密度的空间分布特征，科学评估庐山森林土壤碳库状况，进一步厘清山地森林土壤有机碳库的内外部作用机理，在一定程度上可以丰富森林土壤有机碳库的研究内容，为亚热带相似地形、地貌区域森林植被碳收支状况的估算提供借鉴。

1.6　研究内容与研究思路

1.6.1　研究内容

在研究区内代表性地段选择不同森林植被类型土壤为研究对象，采用野外调查取样、实验测试分析和 SPSS 19.0 软件分析相结合的研究方法，分别研究森林土壤物理、化学、生物学特性及其健康评价和有机碳库特征。主要研究内容有：

（1）庐山森林土壤物理特性及持水特征

选择不同海拔的 8 种森林植被类型土壤为研究对象，将森林土壤物理特性和持水特征（入渗性能及持水性能）结合起来，对两者相互影响的整体进行系统研究和分析，揭示不同森林植被类型对土壤物理特性及水文特征的影响。

（2）庐山森林土壤化学特性及肥力特征

通过测定 8 种森林植被类型土壤化学特性各指标的基础上，比较不同森林植被类型土壤 pH 和养分特征，揭示各土壤养分沿剖面的变异规律，并对不同森林植被类型土壤肥力状况进行分析与评价。

（3）庐山森林土壤生物学特征

通过对 8 种森林植被类型土壤生物学特性的系统研究，分析不同森林植被类型土壤酶活性、土壤微生物量（包括 MBC、MBN、MBP）的变化特征及微生物群落多样性，探讨其土壤微生物群落功能差异的可能原因，从生物学角度揭示森林土壤质量的变化机制。

（4）庐山森林土壤健康评价

在系统分析 8 种森林植被类型土壤特性的基础上，选择恰当的土壤健康评价指标体系，应用合适的 SSF，将测得的指标值转换为对应指标的分值，并基于 SPSS19.0 软件确定各项指标的权重；通过加权综合法，计算其 FSHI，对不同森林植被类型土壤健康状况进行评价。

（5）庐山森林土壤有机碳库特征

对不同森林植被类型的 SOC 含量、SOC 密度进行系统研究，探讨其 SOC 密度的空间分异规律，运用 CPMI 对庐山森林土壤有机碳库状况进行评价，CPMI 能够反映土壤的碳库变化和碳库质量，揭示庐山森林土壤有机碳库特征。

1.6.2　研究思路

本研究思路为以庐山不同森林植被类型土壤为研究对象，系统研究不同森林植被类型土壤物理、化学、生物学特性及有机碳库特征，通过森林 FSHI 和 CPMI，对庐山不同森林植被类型土壤健康状况和土壤有机碳库状况进行量化评价。其具体的研究思路（技术路线）见图 1-1。

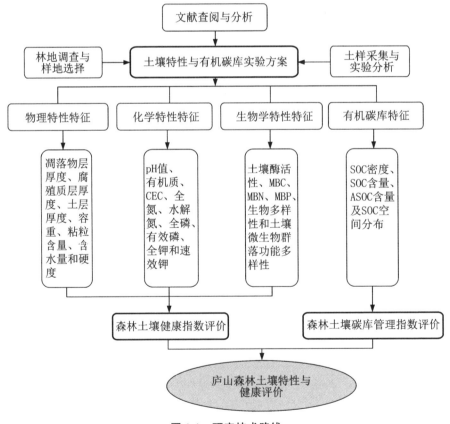

图 1-1　研究技术路线

1.7 研究方法

1.7.1 调查及采样方法

在研究区内选取 8 块测试样地和 1 块对照坡裸地，样地分别代表不同海拔梯度、植被类型及土壤类型等，采样面积依据不同森林植被类型，取阔叶林为 50 m×40 m，针叶林为 25 m×20 m。本研究选择的样区一般为森林植被类型区的核心部位，均为较成熟的林地，林龄一般在 50 年左右。选择海拔 1180 m 山地黄棕壤坡地作为对照裸地，样方大小为 40 m×40 m。

按混合法采集 0～20 cm、20～40 cm 和 40～60 cm 的土壤样本，每个森林植被类型的样方设 3 次重复，3 个重复样地的土壤样本在充分混合后每个土层各获得 8 个混合土样，同时将每个混合土样分为两份，一份用以测定土壤物理、化学特性及土壤酶活性，另一份以低温箱带回用于土壤微生物功能多样性及 MBC、MBN、MBP 的测定。同时调查地上植被的覆盖状况（覆盖度），各测试样地的具体位置见图 1-2 及地上调查测试样地的基本概况见表 1-1。

需要说明的是，8 块测试样地代表 8 种森林植被类型的土壤，用于不同森林植被类型土壤特性及其健康评价研究，不同森林土壤特性的测定方法不一样，样品采集和制备也不同，其中，土壤容重、硬度、凋落物层厚度、腐殖质层厚度和土层厚度等样品采集和测定，则在现场单独完成；用于实验室内其他土壤特性指标测定分析的有 24 个混合土样。8 块测试样地和 1 块对照坡裸地（采样点为仰天坪），用于不同森林植被类型土壤有机碳库特征研究，其中用于 TOC 和 ASOC 测定分析的有 27 个混合土样。

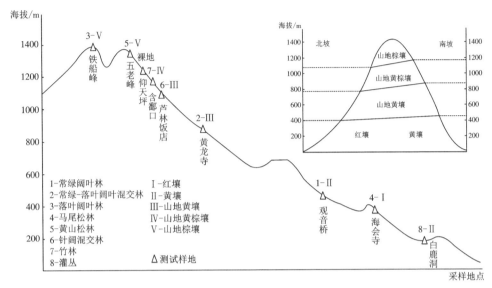

图 1-2 庐山各测试样地的具体位置

表 1-1 庐山各测试样地的基本概况

采样地点	森林植被类型	主要层优势植物	土壤类型	坡向	坡度/°	郁闭度	海拔/m
白鹿洞	灌丛	映山红、算盘子	黄壤	SW	10~15	—	200
海会寺	马尾松林	马尾松	红壤	NW	15~25	0.7	340
观音桥	常绿阔叶林	苦槠、青栲	黄壤	E	15~20	0.9	480
黄龙寺	常绿-落叶阔叶混交林	青岗栎、短柄枹	山地黄壤	SW	30~40	0.8	870
芦林饭店	针阔混交林	黄山松、短柄枹	山地黄壤	SW	35~40	0.5	1040
含鄱口	竹林	玉山毛竹	山地黄棕壤	SW	35~40	—	1100
仰天坪	对照坡裸地	—	山地黄棕壤	ES	10~20	—	1180
五老峰	黄山松林	黄山松	山地棕壤	NW	20~25	0.6	1250
铁船峰	落叶阔叶林	茅栗、化香	山地棕壤	NE	25~30	0.4	1300

1.7.2 测定及计算方法

（1）土壤物理特性的测定

土壤容重、孔隙度采用环刀法测定；土壤质地（黏粒含量）采用吸管法测定；土壤含水量采用烘干法测定；土壤硬度采用硬度计法测定；土壤渗透性能采用定水头法测定。以上具体的测定方法参照鲁如坤主编的《土壤农业化学分析方法》。另外，土壤蓄水量的具体测定步骤：在各测试样地内分上、中、下3个部分各挖一个土壤剖面，然后按0～20 cm、20～40 cm、40～60 cm采土样，根据土壤孔隙度和深度，计算土壤蓄水量的公式（1-1）：

测定土壤蓄水量（t·hm^{-2}）＝土壤孔隙度×10000 m^2×土壤深度　　（1-1）

（2）土壤水土保持功能评价的计算方法

隶属度值（即方差贡献率）的计算公式（1-2）为：

$$\eta_1 = \frac{\lambda_1}{\lambda_1 + \lambda_2 + \cdots + \lambda_m}(\lambda \text{ 为特征值}) \tag{1-2}$$

根据土壤物理特性的各指标值及方差贡献率，土壤水土保持功能综合评价的计算公式（1-3）为：

$$F = \sum_{j=1}^{k} \eta_j F_j \tag{1-3}$$

公式中，F 为庐山不同森林植被类型土壤水土保持功能综合评价值（即综合评价得分）；η_j 为第 j 个因子的隶属度值（即方差贡献率）；F_j 为各主成分因子得分。

（3）土壤化学特性的测定

土壤 pH 采用电位法测定（土水比为 1∶2.5）；CEC 通过测定土壤盐基组成和交换性酸计算求得；有机质采用水合热重铬酸钾氧化-容量法测定；全氮采用蒸馏滴定法测定；水解氮采用碱解-扩散吸收法测定；全磷采用氢氧化钠熔融-分光光度法测定；有效磷采用碳酸氢钠浸提-钼锑抗比色法测定；全钾采用氢氧化钠熔融-火焰光度法测定；速效钾采用中性乙酸铵提取-火焰光度计法测定。以上具体的分析测试方法参照鲍士旦主编的《土壤农化分析（第三版）》。

（4）土壤肥力评价的计算方法

其具体的计算步骤如下：

①原始数据标准化。变换公式（1-4）为：

$$Z_{ij} = \frac{x_{ij} - \bar{x}_j}{s_j} \tag{1-4}$$

其中，$\bar{x}_j = \frac{1}{n}\sum_{i=1}^{n} x_{ij}$，$s_j = \frac{1}{n-1}\sum_{i=1}^{n}(x_{ij} - \bar{x}_j)^2$，$i = 1,2,3,\cdots,n$；$j = 1,2,3,$

$\cdots, p$, 变换后均值为 0, 方差为 1。

② 求相关矩阵 R。R 是主成分分析的初始点, 其公式 (1-5) 为:

$$r_{ik} = \frac{1}{n} \sum_{i=1}^{n} \frac{(x_{ij} - \bar{x}_i)}{s_j} \frac{(x_{ik} - \bar{x}_k)}{s_k} \tag{1-5}$$

并且 $R_{ii} = 1, r_{ik} = r_{kj}$。

③ 求矩阵 R 的特征根、特征向量和贡献率。R 的特征方程为 $|\lambda I_r - R| = 0$, $\lambda_g (g = 1, 2, \cdots, p)$ 为对该方程式求解得到的方程根; 求得向量 L_g 为特征根 λ_g 对应的特征向量; 由 $d_g = \lambda_g / \sum_{g=1}^{p} \lambda_g$ 可得出其方差贡献率。

④ 确定主成分个数 K, 用 K 个主成分得分值进行排序。将贡献率达到 100% 的主成分分别计算其线性加权和的值, $F_{ii} - F_{ik}$, 然后用每个主分量的贡献率作权数, 求 F_{ig} 的加权和, 即公式 (1-6)、(1-7) 和 (1-8):

$$F_{ik} = \sum_{g=1}^{p} L_{ij} z_{ij} \tag{1-6}$$

$$F_i = g = \sum_{g=1}^{k} d_g F_{ig} \tag{1-7}$$

$$d_g = \lambda_g / \sum_{g=1}^{p} \lambda_g \tag{1-8}$$

以 F_i 作为多指标综合评价值。

(5) 土壤生物学特性的测定

① 土壤酶分析指标与测定方法: 纤维素酶活性采用葡萄糖氧化法测定; 脲酶活性采用靛酚蓝比色法测定; 多酚氧化酶活性采用邻苯三酚比色法测定; 过氧化氢酶活性用高锰酸钾滴定法测定; 酸性磷酸酶活性采用磷酸苯二钠比色法测定。

② MBC、MBN 和 MBP 的测定: MBC 采用氯仿熏蒸法, 熏蒸后土壤用 0.5 mol·L^{-1} K$_2$SO$_4$ 溶液浸提, 过滤后滤液在岛津-TOC 有机碳分析仪上测定; MBN 采用氯仿熏蒸, 经 0.5 mol·L^{-1} K$_2$SO$_4$ 溶液浸提后, 浸提液采用凯氏定氮法测定; MBP 用氯仿熏蒸后, 用 pH 为 8.5 的 0.5 mol·L^{-1} NaHCO$_3$ 溶液浸提, 浸提液中的磷用钼锑抗比色法测定。

③土壤微生物群落功能多样性采用 BIOLOG 微平板法测定。

以上具体的测定方法参照吴金水等编著的《土壤微生物生物量测定方法及其应用》。

（6）物种多样性的调查方法

根据研究区的实际，将灌木层样方面积设置为 10 m×10 m；草本层样方面积设置为 1 m×1 m。对灌木层和草本层则分别记载灌木和草本的种类、高度、数量等。为便于计算，可用物种多样性系数表示 Margalef 丰富度指数 R 与 Shannon-Wiener 多样性指数 H 的平均数，即物种多样性系数 ＝ $(R+H)/2$。它在森林土壤健康评价中得到了应用，可以很好地反映不同森林植被类型物种多样性的变化。

其计算公式分别为（1-9）、（1-10）和（1-11）：

Margalef 丰富度指数 R：

$$R = (S-1)/\ln N \tag{1-9}$$

Shannon-Wiener 多样性指数 H：

$$H = \sum P_i \ln P_i \tag{1-10}$$

$$物种多样性系数 = (R+H)/2 \tag{1-11}$$

以上公式中，S 为样地内所有物种数；N 为所有物种的个体数；P_i 为第 i 种的个体数占所有物种个体数的百分比。

（7）森林土壤健康评价的计算方法

FSHI 的计算公式（1-12）为：

$$FSHI = \sum_{i=1}^{n}(K_i)A_i(i = 1,2,\cdots,n) \tag{1-12}$$

公式中，FSHI 为森林土壤健康指数；A_i 为各评价指标的隶属度值，它的大小反映了各评价指标的优劣；K_i 为第 i 个评价指标的权重，它反映了各指标的重要性；n 为评价指标的个数。

（8）土壤有机碳库的测定

①ASOC 及其组分的测定方法：WSOC 和 DOC 分别采用 25 ℃和 100 ℃两

种蒸馏水浸提，水土比为 2:1，恒温震荡、离心，再用 $0.45~\mu m$ 滤膜抽滤，其滤液直接在日本岛津-TOC 有机碳分析仪上测定。

②EOC 的测定：称取 5 g 土壤样品在 50 mL 的塑料离心管中，加入 20 mL $KMnO_4$-$CaCl_2$ 溶液，将此溶液在震荡机上震荡 2 min 后离心，吸取上清液应用分光光度计测定。

(9) SOC 密度的计算方法

SOC 密度是指单位面积一定深度的土层中 SOC 的储量，其单位为 $kg \cdot m^{-2}$。由于它以土体体积为基础作计算，排除了面积及土壤深度的影响，因此 SOC 密度已成为衡量和评价 SOC 储量非常重要的指标之一。

不同森林植被类型土壤某一土层的 SOC 密度的计算公式 (1-13) 为：

$$SOC_i = C_i \times D_i \times E_i \times (1 - G_i)/100 \tag{1-13}$$

如果某一土层由 n 层组成，那么该土层的 SOC 密度的计算公式 (1-14) 为：

$$SOC_i = \sum_{i=1}^{n} C_i \times D_i \times E_i \times (1 - G_i)/100 \tag{1-14}$$

以上公式中，SOC_i 为 i 土层 SOC 密度（$kg \cdot m^{-2}$）；C_i 为 SOC 含量（$g \cdot kg^{-1}$），测定值为土壤有机质含量，则采用乘以 0.58 得到 C_i；D_i 为土壤容重（$g \cdot cm^{-3}$）；E_i 为土层厚度（cm）；G_i 为直径 $\geqslant$ 2 mm 的石砾所占的体积百分比（%）。

(10) CPMI 评价的计算方法

对不同森林植被类型土壤碳库指数（CPI）、碳库活度（A）、碳库活度指数（AI）和 CPMI 分别进行计算，其计算公式分别为 (1-15)、(1-16)、(1-17) 和 (1-18)：

$$CPI = 样品 \ TOC \ 含量 / 参照土壤 \ TOC \ 含量 \tag{1-15}$$

$$A = ASOC \ 含量 / (TOC - ASOC) \ 含量 \tag{1-16}$$

$$AI = 样品土壤 \ A / 参照土壤 \ A \tag{1-17}$$

$$CPMI（\%）= CPI \cdot AI \cdot 100 \tag{1-18}$$

以上公式中，TOC 即土壤有机碳（SOC）含量，单位为 $g \cdot kg^{-1}$。

1.7.3 数据处理及分析

为提高研究数据分析的质量和科学性，本研究所有数据拟使用 Excel 2007 和 SPSS 19.0 软件进行数据处理和分析，其中采用 SPSS 19.0 软件进行森林土壤特性各项指标的描述性统计、方差分析、相关性分析和主成分分析等。

1.8 本章小结

本章结合论文的相关研究背景及目的意义，详细论述了森林土壤特性、森林土壤健康评价及森林土壤有机碳库的国内外研究进展，提出了本研究内容、研究思路和研究方法。主要论点有：

（1）森林土壤是全球碳循环的重要研究对象，土壤特性可以决定森林土壤的健康状况，对森林土壤固碳作用有重要的影响。目前研究较多是森林土壤的理化性质与土壤肥力问题，对森林土壤生物学性质方面的研究相对较少，并且不够系统和深入；对森林 SOC 方面的研究主要围绕 SOC 密度、储量及影响因素，已有的林地 SOC 变异性相关研究结果差别较大，很多规律和机理仍须进一步探讨。

（2）确定了野外采样的具体位置，明确了研究内容。在研究区内代表性地段选择典型性森林植被类型设立标准测试样地，分别研究森林土壤物理特性特征、化学特性特征、生物学特性特征及其土壤健康评价和有机碳库特征。说明了野外采样的设计方案。8 块测试样地代表 8 种森林植被类型的土壤，用于不同森林植被类型土壤特性及其健康评价研究，不同土壤特性测定方法不一样，样品采集和制备也不同；8 块测试样地和 1 块对照坡裸地，用于不同森林植被类型土壤有机碳库特征研究。介绍了土壤特性各指标的测定方法；阐述了物种多样性的调查方法及土壤水土保持功能评价的计算方法、土壤肥力评价的计算方法、森林土壤健康评价的计算方法、SOC 密度的计算方法和 CPMI 评价的计算方法；说明了数据统计及分析方法。

（3）根据国内外研究不足及有关庐山森林土壤特性与健康综合评价和 SOC 密度及含量的系统研究还不多见，本研究以庐山不同森林植被类型土壤为研究对象，系统研究不同森林植被类型土壤物理、化学、生物学特性及有机碳库特征，通过森林 FSHI 和 CPMI，对庐山不同森林植被类型土壤健康状况和土壤有机碳库状况进行量化评价，以期为亚热带山地森林土壤质量的监测和森林土壤碳库管理水平的提高提供科学的基础数据。

第2章

庐山自然概况

　　庐山位于江西省北部庐山市境内，距九江市 13 km 左右，北濒长江，东和东南为鄱阳湖环绕，地理坐标为 115°51′～116°10′ E，29°28′～29°45′ N，包括庐山市全部、九江市郊区、星子县及九江县行政区的一部分，总辖面积为 30493 hm²。山体走向北北东，长约 30 km，宽约 10 km，平地拔起一座主峰——大汉阳峰海拔 1473.8 m。庐山为风景名山，素有"匡庐奇秀甲天下"之美称，大小山峰重叠，千姿百态，形状各异，海拔高度均在 1000 m 以上，登临峰顶，北望长江如带，南观鄱阳湖如镜，烟波浩淼，水天一色。庐山地理位置见图 2-1。

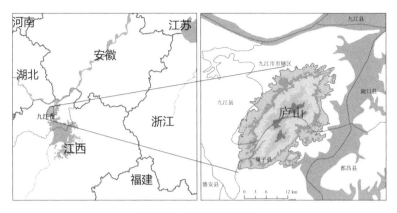

图 2-1 庐山地理位置

2.1 地质地貌

庐山位于江南台背斜与下扬子凹陷带的交接地带，淮阳山字型构造反射弧的前缘，其地壳具有较大的活动性，构造发育，地层较齐全，岩浆活动较强烈，并有明显的混合岩化作用，是第四纪强烈上升的断块山，山体呈肾形，由西南向东北方向倾斜延伸。庐山主体东南侧及西北侧，在温泉和莲花洞大断裂以外，地层呈条带状分布，有愈向外愈新的趋势。庐山山体之构造大致以仰天坪为界，北部构造复杂，以褶皱构造为主；南部构造相对简单，以断裂为主，很少有褶皱。三叠泉裂点可以规模较大地反映出该山体的间歇性抬升；而乌龙潭裂点则受地质构造及岩性的影响，裂点上形成瀑布或急流。庐山外围地区的河谷，与山地河谷截然不同，谷地宽广，谷底平缓，砾石满布，扇形地和阶地都发育较好。庐山山体走向北北东向，其顶部有峰岭 90 余座，断裂构造、褶皱构造、节理构造及地层岩性和产状可以控制山峰的形态以及岭、谷的排列。

2.2 气候

　　庐山地处亚热带东部季风区域，具有鲜明的季风气候特征，庐山是一座中山，与周围平原地区相比较，又具有山地气候特征。气温高低除受地理纬度、海陆因素影响外，以海拔高度、局部地形影响最为重要。年平均温度 11.4℃，1 月均温 −0.3℃，7 月均温 22.5℃，极端低温 −16.8℃，极端高温 32.8℃。冬季（1 月）气温比同纬度平原地区约低 5℃，夏季（7 月）低 7℃。同时，由于山上空气密度较小，地面与大气热交换过程较快，所以早晚显得凉爽宜人。山地上部阴雨日比山下平原要多，庐山年平均降水量 1929.2 mm，与同纬度地区相比，山上年平均降水量比平原地区约多 500 mm，庐山降水强度较大，梅雨季节常有暴雨，月降水量可超过 400 mm，日降水量可达 258.8 mm。月降水量在全年分配不均一：3～9 月份的月降水量在 100 mm 左右，其中 4～6 月降水量在 200～300 mm，雨季较长（3 个月左右），3 个月的总降水量达 773.1 mm；而 12 月～次年 2 月这 3 个月的总降水量仅为 214.8 mm，显示其气候的季风特征。大气降雨致使空气中水汽含量较丰富，相对湿度大（接近 100%），气流遇山地阻挡抬升引起气温下降，有利于水汽凝结。据资料统计，庐山全年雾日多，年平均为 188.1 天。云雾线高度通常在 600～700 m，有时形成的浓雾，其能见距离往往只有 5～10 m。

2.3 水文

庐山水系的发育，受地质构造及岩性的影响，河流流向与构造走向一致，两者相互平行，主要的河流大致沿北东—南西向，少数河流流向与构造垂直，作南东—北西向。上升运动使河流发生强烈的下切和向源侵蚀，上游河谷开豁，坡降很小，谷底砾石堆积；下游谷深壁陡，坡降很大，谷底基岩出露，短小的支流常成悬瀑。庐山河流在上游宽谷和下游峡谷相交的地方构成裂点，在裂点分布的地方，总是成为急流或瀑布。河流袭夺的主因是河流循软弱岩层发育和沿岩层走向流动，已发育为成熟的老河谷阶段。庐山年均降水量为 1929.2 mm，年蒸发量为 1008.6 mm，该水源主要来自于大气降水。岩层节理发育完全，地面植被保留完好，雨水又丰沛，因此雨水沿着节理渗入地面之下，常在洪谷旁边或岩层出露处形成裂隙泉水。庐山北坡的女儿城和大月山砂岩节理发育完全，这两处的泉水表现明显，沿着登山公路的一旁崖壁下，就不时见到蓄水池和木桶，蓄积着由崖壁上流出的泉水，供应汽车上山加水；庐山南部的黄龙山麓有温泉分布，这是由于地层深处获得热量的地下水顺着断层所成的地壳裂缝，溢出地面形成温泉。庐山是一座中山，其地质构造、地貌条件及岩性较为复杂，天然降水对地表水有效的补给，可使地表水存在不同形式。

2.4　植被

由于人类活动的影响，庐山原始植几乎被破坏殆尽，现存的自然植被主要是阔叶林和次生的针叶林。庐山山上的植物种类据不完全统计，种子植物约 1800 种，隶属 158 科 642 属，其中裸子植物 7 科 8 属，被子植物 151 科 634 属。庐山植物区系的地理成分有北温带成分 122 属、东亚成分 177 属、热带亚洲成分 81 属、全热带成分 62 属、东亚北美成分 54 属、旧大陆热带成分 37 属、旧大陆温带成分 20 属、热亚热澳 23 属、热亚热美成分 17 属、热亚热非成分 11 属、地中海成分 12 属、中国特有成分 11 属及其他为中亚温带亚洲成分 15 属，共计 642 属。庐山植被在植物区系组成上，因海拔高度及南北坡向的不同而出现差异，由于分布地段的生境条件不同，即使同一植被类型在建群种、优势种及其种类组成方面均有所区别。庐山地处中亚热带，其地带性植被类型为亚热带常绿阔叶林及常绿-落叶阔叶混交林，此外还有亚热带竹林、亚热带针叶林、针阔混交林、落叶阔叶林及灌丛等。

庐山主要森林植被类型及其种类组成见表 2-1，现分述如下：

（1）常绿阔叶林

常绿阔叶林为亚热带典型地带性植被类型，多分布于地势较低处（海拔 800 m 以下），并沿着沟谷上延，由于历史原因及人为影响，目前为次生性较强的森林植被类型，伴生树种为喜温性的落叶阔叶林。其建群优势种主要有壳斗科的苦槠（Castanopsis Sclerophylla）、甜槠（C. eyrei）、青栲（C. myrisinaefolia）、青冈栎（C. glauca）、小叶青冈（Cyclobalanopsis gracilis）、大叶槠（C. tibetana）、白栎（Q. fabri）等；樟科的樟树（Cinnamomum camphora）、白楠（Phoebe neuranttha Gamble）、紫楠（P. Sheareri Gamble）、红楠（Machilus

Thunbergii S. et. Z）等；山茶科的木荷（Schima superba）、厚皮香（Ternstroemia gymnanthera）、杨桐（Adinandra Jaok.）等；八角科的红茴香（Illicium henryi Deils）等。其林下灌木主要有杨桐属、乌药属、冬青属、柃木属、紫金牛属、杜鹃属、乌饭属及黄栀子等常绿属种。林下草本层则以禾本科、莎草科、百合科、蘘荷科及蕨类为主。藤本植物主要为葫芦科、薯芋科、木通科、葡萄科、防己科及夹竹桃科等属种。

（2）常绿-落叶阔叶混交林（常-落混交林）

常绿-落叶阔叶混交林是中亚热带北部和山区的地带性植被类型，也是北亚热带典型地带性植被类型。主要分布于海拔 800～1100 m，由于人为影响，次生性比较强。其常绿阔叶树种主要有小叶青冈、青栲、青冈栎、甜槠、苦槠（较少）、紫楠、白楠及红茴香等常绿林；落叶阔叶树种有锥栗（Castanea henryi）、短柄枹（Quercus glandulifera）、糯米椴（T. Henryi）、灯台树（Cornus controversa）、四照花（Dendrobenthamia japonica. Vai Chiinensis）、石灰树（Sorbus folgneri）、白辛树（Pterostyrax Corymbosum）、青榨槭（A. Davidii）、化香（Platycarya strobilacea）、枫香（Liquidambar formosana）及鹅耳枥（Q. chenii）等。灌木层种类主要为山胡椒（Lindera glauca）、钓樟（L. umbellata Thunb）、柃木（Eurya nitida）、乌饭（Vaccinium bracteatum）、继木（Loropetalum Chinense）、映山红（R·Simsii）、茅栗（Castanea seguinii Dode）、油茶（Camellia Oleosa）、冬青（S·Crassifolia）及卫矛（Euonymus alatus）等。草本层稀疏，主要有淡竹叶（Lophatherum sinense Rendle）、苔草（Carex dolichostachya）、油点草（Tricyrtis formosana Baker）、沿阶草（Ophiopogon grandis）、龙须草（Juncus effusus）、箭叶淫羊藿（Epimedium sagittatum）、兔耳风（Ainsliaea bonatii）、麦冬（Ophiopogonjaponicus）及蕨类、菊科、禾本科等小草类。

（3）落叶阔叶林

落叶阔叶林在森林植被类型中分布最高，多分布于海拔 1000～1300 m，常与黄山松（Pinus Taiwanensis Hayata）林呈交错、镶嵌式分布。主要组成成分为短柄枹、锥栗、茅栗、白辛树、青榨槭、灯台树、四照花、化香、羽叶泡花树（Mcliosma lodhamii）、玉兰（M. Heptopeta）、香果树（Emmonopterys henryi）及紫树（Nyssa sinensis）等。灌木种类以映山红、满山红（R·mariesii）、乌饭、美丽胡枝子（Lespedeza Formosa Koehne）、水马桑（Coriaria nepalensis Wall.）、蜡瓣花（Corylopsis yui Hu et Cheng）、金缕梅（Hamamelis mollis）、柃木、荚迷属多种及山胡椒、溲疏（Deutzia scabra）等为常见。草本层有乌头（Aconitumbrachypodum Diels）、鹿蹄草（Pyrola monophylla）、黄精（Polygonatum oppositifolium）、苔草、沿阶草、败酱（Herba patriniae cum radice）、虎杖（Reynoutria japonica）、百合（Lilium amoenum）及藜芦（Veratrum nigrum Linn.）等。藤本以菝葜（Smilax china）、悬钩子（Rubus corchorifolius L. f.）、猕猴桃（Actinidia hemsleyana Dunn）等多种以及南蛇藤（Celastrus orbiculatus）、异叶爬墙虎（Parthenocissus heterophylla）、扶芳藤（Euonymus fortunei）、蛇葡萄（Amepelopsis sinica）、鸡矢藤（Paederia scandens）等为多见。

（4）亚热带针叶林

亚热带针叶林可分为两大类：一类为低山丘陵（台地）针叶林，如马尾松（P. massoniana）林、杉木（Cunniughamia lanceolata）林等，主要分布在 500 m 以下的红壤丘陵或台地，目前多为半天然林或人工林；另一类为山地针叶林，如黄山松林、柳杉（Cryptomeria fortunei）林等。黄山松林主要分布于海拔 1100 m 以上（直至大汉阳峰顶），其自然更新较好，一般在山脊处与落叶阔叶林或灌丛呈混交分布生长，是山上风景观赏区的重要林木。由于人为影响，庐山其他属的针叶树种如金钱松（Pseudolarix amabilis），目前已无自然林分布，与冷杉（Abies firma）、扁柏（Chamaecyparis obtusa）、花柏（Ch. pisifera）及落叶松（Larix gmelini）等列入人工林，为主要的造林树种。

（5）针阔混交林

针阔混交林一般是通过人工方式种植的大量针叶林与林内的阔叶树种逐步演替而来，针叶与阔叶种类因海拔高度的变化而变化，在山体不同海拔高度均有不同程度的分布。从山麓到山顶针阔混交林大致为：马尾松与常绿阔叶树大叶槠（Castanopsis megaphylla Hu）、苦槠等组成的针阔混交林多分布于海拔600 m 以下的区域，杉木、马尾松、黄山松与青冈栎、甜槠等组成的针阔混交林多分布于海拔 600～900 m 之间的区域，黄山松与短柄枹、茅栗、灯台树、四照花、化香等组成的针阔混交林多分布于海拔 900 m 以上的山地区域。这些植被类型在外貌上除了在夏季显现出颜色上有别外（深浅绿色之别），还表现出波状起伏的阔叶树与塔形起伏的针叶树相间的植物群落轮廓，若分布在落叶阔叶林带则针阔混交林还存在季相变化。

（6）亚热带竹林

亚热带竹林主要包括毛竹林和玉山竹林 2 大类，毛竹类通常高 10 m 左右，地下茎为散生型，其间距分布相对稀疏；玉山竹类通常只有 1.5 m 左右高，地下茎为复合轴，其间距分布相对密集。竹林群落结构简单，多组成单优势群落类型，常形成纯林。庐山竹林以刚竹属的毛竹（Phyllostachys pubescens Mazcl）分布最广，呈片状分布于海拔 700 m 以下的山坳及山坡，其林下灌木稀少，常见的有油茶及继木等，草本植物多为麦冬、天南星（Rhizoma Arisaematis）及射干（Belamcanda chinensis）等；海拔较高处（1100 m 以上）则有与灌草混生的玉山竹属的箭竹（Sinarundinaria nitide Nakai）。

（7）灌丛

目前存在的灌丛，广泛分布在海拔较低的地带，绝大部分属于森林植被破坏后的次生灌丛，其种类组成除一些常绿及落叶乔木树种之外，主要成分为映山红、马银花（Rhododendron ovatum）、算盘子（Glochidion zeylanicum）、满山红、冬青、牡荆（Vitex cannabifolia）、金缕梅、美丽葫枝子及垂珠花（Styrax dasyanthus Perk.）等。草本层则主要为芒萁骨（Dicranopteris pedata）、野古草（Arundinella anomala Steud.）及白茅（Imperata cylindrica）等。藤本植物仍多为菝葜、薯芋（Dioscorea composita）、大血藤（Caulis Sargentodoxae）、紫藤（Wisteriasinensis）、金银花（Lonicera fulvotomentosa）及鸡矢藤等。

表 2-1　庐山主要森林植被类型及其种类组成

森林植被类型	建群优势种主要组成	灌木层主要种类	草本层主要种类
常绿阔叶林	苦槠 (Castanopsis Sclerophylla)、 青栲 (C. myrisinaefolia)、 樟树 (Cinnamomum camphora)、 木荷 (Schima superba)	杨桐 (Adinandra Jaok.)、 柃木 (Eurya nitida)、 乌饭 (Vaccinium bracteatum)	油点草 (Tricyrtis formosana Baker)、 沿阶草 (Ophiopogon grandis)、 百合 (Lilium amoenum)
常绿-落叶 阔叶混交林	青冈栎 (C. glauca)、 紫楠 (P. Sheareri Gamble)、 短柄枹 (Quercus glandulifera)、 灯台树 (Cornus controversa)	山胡椒 (Lindera glauca)、 继木 (Loropetalum Chinense)、 油茶 (Camellia Oleosa)、 冬青 (S · Crassifolia)	苔草 (Carex dolichostachya)、 兔耳风 (Ainsliaea bonatii)、 麦冬 (Ophiopogonjaponicus)、 龙须草 (Juncus effusus)
落叶阔叶林	茅栗 (Castanea seguinii Dode)、 化香 (Platycarya strobilacea)、 白辛树 (Pterostyrax Corymbosum)、 紫树 (Nyssa sinensis)	满山红 (R · mariesii)、 美丽胡枝子 (Lespedeza Formosa Koehne)、 金缕梅 (Hamamelis mollis)	乌头 (Aconitumbrachypodum Diels)、 鹿蹄草 (Pyrola monophylla)、 藜芦 (Veratrum nigrum Linn.)
亚热带针叶林 (马尾松林)	马尾松 (P. massoniana)、 杉木 (Cunniughamia lanceolata)	钓樟 (L. umbellata Thunb)、 卫矛 (Euonymus alatus)、 映山红 (R · Simsii)	淡竹叶 (Lophatherum sinense Rendle)、 箭叶淫羊藿 (Epimedium sagittatum)
亚热带针叶林 (黄山松林)	黄山松 (Pinus Taiwanensis Hayata)、 柳杉 (Cryptomeria fortunei)	水马桑 (Coriaria nepalensis Wall.)、 蜡瓣花 (Corylopsis yui Hu et Cheng)	败酱 (Herba patriniae cum radice)、 虎杖 (Reynoutria japonica)

（续表）

森林植被类型	建群优势种主要组成	灌木层主要种类	草本层主要种类
针阔混交林	马尾松 (P. massoniana)、 大叶栲 (Castanopsis megaphylla Hu)、 黄山松 (Pinus Taiwanensis Hayata)、 枫香 (Liquidambar formosana)	乌饭 (Vaccinium bracteatum)、 茅栗 (Castanea seguinii Dode)、 溲疏 (Deutzia scabra)	黄精 (Polygonatum oppositifolium)、 蛇葡萄 (Amepelopsis sinica)、 苔草 (Carex dolichostachya)
亚热带竹林	毛竹 (Phyllostachys pubescens Mazcl)、 箭竹 (Sinarundinaria nitide Nakai)	油茶 (Camellia Oleosa)、 继木 (Loropetalum Chinense)、 卫矛 (Euonymus alatus)	天南星 (Rhizoma Arisaematis)、 射干 (Belamcanda chinensis)、 麦冬 (Ophiopogonjaponicus)
灌丛	映山红 (R·Simsii)、 算盘子 (Glochidion zeylanicum)、 牡荆 (Vitex cannabifolia)、 满山红 (R·mariesii)、 垂珠花 (Styrax dasyanthus Perk.)	马银花 (Rhododendron ovatum)、 金缕梅 (Hamamelis mollis)、 冬青 (S·Crassifolia)、 美丽胡枝子 (Lespedeza Formosa Koehne)	芒萁骨 (Dicranopteris pedata)、 野古草 (Arundinella anomala Steud.)、 白茅 (Imperata cylindrica)

2.5 土壤

庐山山体随海拔高度的增加（垂直变化）、土壤形成的生物气候条件发生相应变化，致使土壤形成的类型呈垂直带谱分布规律。该土壤类型从山麓到山顶依次分布着红壤、黄壤、山地黄壤、山地黄棕壤和山地棕壤。

(1) 红壤

红壤多分布于山麓地段，地上生长的植被多为马尾松林、常绿阔叶林和灌丛等，其成土母质主要为石英砂岩、片麻岩和花岗岩等残积物或坡积物。其基本性状一般为：表层一般浅薄，土层较深厚，除表层略带灰棕色外，全剖面土体呈黄红色、棕红色及深红色；土壤有机质含量低，表层约 1%～2%，底层约 0.1%～0.3%，土壤呈强酸性，pH 为 4.5～5.5，表层黏粒含量一般为 25%～30%，心土层可达 40% 左右，黏粒部分硅铝率为 2.1～2.4 之间，黏土矿物组成以高岭石为主，并有明显的水云母和少量蛭石。

(2) 黄壤和山地黄壤

山地黄壤一般分布在 800～900 m 以下的地带，局部地区达 1000 m 左右；而黄壤多分布于地势较低的地段，或发育在质地黏重且排水不良的成土母质上。发育的母质大都为第四纪风积物、花岗岩、砂岩和混合岩。受亚热带湿润的生物气候影响，岩石风化强烈，铝硅酸盐矿物遭受破坏，生成游离的硅铁铝氧化物，其中氧化铝及氧化铁与水结合，形成结晶水的铁铝氧化物，土体呈黄色。其基本性状为：黄壤有机质含量较低（表层含量仅 1.5% 左右），而山地黄壤有机质含量相对较高（达 3% 左右），这是由于随着海拔的增加，气温降低，降水量增大，生物气候条件的变化有利于土壤有机质的累积。因此，海拔较高的山地黄壤有机质含量高（可达 6%～8%）。山地黄壤和黄壤均呈酸性反应，其酸度主要由产酸离子（活性 Al^{3+}）所致，酸性（pH）差异不大；黄壤和山地黄壤的高岭石含量均有所减少；二者的硅铁铝率（硅铝率）比红壤大。

(3) 山地黄棕壤

山地黄棕壤分布于海拔 800（900）～1200 m 地段，成土母质类型多样，植被为常绿-落叶阔叶混交林、灌木或草本。其基本性状为：山地黄棕壤粉砂粒含量较高，黏粒含量不及山地黄壤明显（黏粒仍有一定含量）；有机质含量相对较高，其中底层含量相当黄壤或红壤表层的含量；全剖面呈较强的酸性反应，无定形物质比山地黄壤和黄壤少，矿物遭受分解及破坏程度不如山地黄壤强烈，不含高岭石（1∶1 型），但可能含有蒙脱石（2∶1 型）。

（4）山地棕壤

山地棕壤分布于海拔 1200 m 以上地段，生长的森林植被以落叶阔叶林为主，由于受到人为影响，目前大多为灌丛或草本类，成土母质主要为砂岩和板岩的坡积物，局部以风积物为主。其基本性状为：全剖面呈微酸性反应，有机质含量相对较高，吸收性 Ca^{2+} 的含量较高，CEC 含量不高，黏粒下移现象不明显，由于地势高、降水多，土壤剖面物质有一定的淋溶。

2.6　本章小结

庐山历史悠久，山峰雄奇险峻，自然环境复杂多变，物产资源丰富多样，是我国著名的旅游风景名胜区，从古至今都受到人们的喜爱。庐山坐落于江西省九江市庐山市，向北与长江紧靠，向西可达瑞昌县，南边与滕王阁相望，东边与我国最大淡水湖鄱阳湖并肩，山体走向呈东北—西南向，山体长约为 25 km，宽约为 10 km。其山体呈椭圆形，是一座典型的地垒式断块山。庐山气候属于亚热带东部季风区，季风气候特征明显，又由于其山谷幽深、海拔较高，四周临近江河、湖泊，空气湿度大（年平均相对湿度 78%），与其他低海拔地区相比，其山地气候特征较为明显。庐山雨量充沛，多年平均降水量为 1930 mm，年蒸发量为 1008.6 mm，年平均雾日 191 天。庐山气温变化相对复杂，通常是春迟、夏短、秋早、冬长，每年 7～9 月平均温度 16.9℃，可见夏季凉爽，是避暑的好地方。

随着海拔高度的上升，庐山植被受地表水热条件的影响而呈现明显的垂直分布规律，森林覆盖率达 76.6%。由于人类活动的影响，庐山的原始植被破坏较大，但其仍然拥有丰富的植物种类、复杂的植被类型和较完整的植被垂直带谱。庐山山体土壤与植被都具有垂直分布规律：（1）红壤：主要分布在海拔 400 m 以下的山麓地带；植被主要为马尾松林、常绿阔叶林，母质主要为石英砂岩、花岗岩等的残积、坡积物。（2）黄壤、山地黄壤：黄壤主要分布于海拔 400～900 m 之间，或发育在黏重而排水不良的母质上；山地黄壤分布在海拔 900 m 以下，局部地区也可达到 1000 m 左右，母质为花岗岩、石英砂岩风化残积物与第四纪沉积物，常处于湿润的状态，土壤呈现黄色，植被常为亚热带常绿针阔混交林。（3）山地黄棕壤：主要分布在山体海拔 900～1200 m 之间，以及少量分布于海拔 1300 m 左右，母质为砂岩风化的坡积物，植被主要为常绿-落叶阔叶混交林。（4）山地棕壤：分布于海拔 1200 m 以上，母质主要为砂岩风化的坡积物、风积物等，植被类型多为黄山松林、落叶阔叶林。

第**3**章

庐山森林土壤物理特性及持水特征

　　不同森林土壤的物理特性会造成土壤水、气、热的差异，影响土壤中矿质养分的供应状况，从而影响森林植被的生长发育。不同森林植被类型由其树种生物学特性与林分结构的不同，其土壤物理特性和水源涵养效应存在一定的差异。研究土壤物理特性及持水特征对于森林生态保护具有重要参考价值。近年来，国内外许多学者对不同生态环境和时空条件下的森林土壤物理特性和水源涵养功能分别进行了大量研究。多数学者在森林水源涵养功能各个环节及整体涵养价值的量化上研究较多，但在定性评价其水土保持功能优劣方面研究较少，且研究结果有一定的局限性。选择庐山不同海拔的典型性森林土壤为研究对象，将森林土壤物理特性和持水特征（入渗性能及持水性能）结合起来，对两者相互影响的整体进行系统研究和分析，揭示不同森林植被类型对土壤物理特性及水文特征的影响，以期为当地森林植被恢复改造及森林生态系统水土保持功能评价提供基础数据。

3.1　不同森林类型土壤物理特性分析

　　土壤物理特性主要包括土壤硬度、容重、黏粒含量、孔隙度、含水量和土层厚度等。庐山不同森林植被类型土壤物理特性各指标值见表 3-1。

　　在相近的气候条件下，森林土壤的凋落物主要来源于乔木的残体，其积累厚度与地上植被的生长量有关，凋落物层厚度对森林土壤水分的有效性及林地土壤水分蒸发的抑制效应有着重要意义。由表 3-1 可知，常绿-落叶阔叶混交林下凋落物层厚度最大，黄山松林最小；8 块测试样地的凋落物层厚度整体状况良好，对不同森林植被类型土壤水分（含水量状况）的变化影响不明显。

　　就腐殖质层厚度而言，落叶阔叶林最大，马尾松林最小。通过比较 8 块测试样地可以得出：森林植被分布在海拔 500 m 以下的，林下腐殖质层厚度在 1～3 cm 之间；海拔 1000 m 以上的，其厚度在 9～16 cm 之间。腐殖质层厚度随海拔高度的升高呈增加趋势，这也进一步说明海拔高度对土壤腐殖质层厚度具有一定影响，其主要原因可能是土壤水分条件影响了森林凋落物腐殖质化过程的强度。

　　从表 3-1 中 8 块测试样地比较可知，除竹林和黄山松林下土层厚度相差较大，其余森林植被类型下土层厚度相差不大（其厚度均在 30 cm 左右）。这一结果表明：虽然选取了不同的海拔、坡度及土壤类型，但是在同一气候类型下不同森林植被类型土壤层次（土层厚度）的变化差异不大，同时方差分析结果显示该土层厚度的变异程度中等，偏度较小，基本上呈正态分布。

　　土壤容重表征了土壤的疏松程度与通气性，该值的大小可以说明土壤涵蓄水分及供应树木生长所需水分的能力；黏粒含量可以代表土壤质地指标，它对森林生长的作用主要通过土壤水分的保持和通透性及对有机物质固持性能的影响来完成，黏粒含量指标常应用在土壤健康的定量评价中。从表 3-1 中可以得出，马尾松林下土壤容重（平均值）最小，黏粒含量（平均值）最大，这说明马尾松林下土壤较疏松、通气性能好，具有较高的水源涵养和水土保持功能；黄山松林下土壤容重（平均值）最大，黏粒含量（平均值）最小，说明该林分通过腐殖质作用改变土壤容重的作用最大。

土壤含水量（土壤含水率）是由土壤固、液、气三相体中水分所占的相对比例表示的，即土壤水分占固相颗粒的百分数，通常采用重量含水率和体积含水率两种表示方法。森林土壤的结构特征具有重要的水文生态功能，影响土壤的水分状况。通过表 3-1 比较可知，不同森林植被类型土壤含水量平均数值相差不大，这主要是由庐山山地气候特征决定的。

土壤硬度制约植被下土壤吸收蓄储水分、影响植被根系生长发育和分布，其大小差异影响植被根系的发达程度和土壤的蓄水能力。由表 3-1 可知，不同森林植被类型土壤硬度的平均值在 $13.21 \sim 25.44$ kg·cm^{-2} 范围内变化，表明庐山不同森林植被类型土壤符合当地植被生长发育所需的基本条件。

另外，不同土层的 8 块测试样地土壤的回归分析结果表明，不同森林植被类型下土壤容重随土层深度的变化达到显著水平（$p < 0.01$），而土壤孔隙度随土层深度的变化也达到显著水平（$p < 0.01$），具体表现为：该土壤容重随土层深度增加而逐渐增大，土壤孔隙度随土层深度增加而逐渐减小。这与该林下土壤有机质及土壤动物形成的孔隙、植物根系和死亡根系形成的根孔都随土层深度而降低有关。由此可见，不同森林植被类型土壤物理特性的差异可以引起其土壤透气性能（包括通气性和透气性）及持水能力的变化。

表 3-1 庐山不同森林植被类型土壤物理特性（平均值±标准差）

森林植被类型	凋落物层厚度/cm	腐殖质层厚度/cm	土层厚度/cm	土壤容重/(g·cm⁻³)	粘粒含量/(mg·hm⁻²)	土壤含水量/%	土壤硬度/(kg·cm⁻²)
马尾松林	1.8 ± 0.7^{a}	1.79 ± 0.73^{c}	32.4 ± 12.2^{bc}	1.17 ± 0.33^{c}	39.08 ± 15.23^{b}	64.1 ± 19.3^{a}	13.25 ± 3.81^{a}
常绿阔叶林	2.4 ± 0.6^{a}	2.21 ± 0.16^{bc}	25.7 ± 9.6^{a}	1.21 ± 0.24^{b}	36.24 ± 16.36^{c}	69.7 ± 26.8^{b}	17.38 ± 7.26^{a}
常绿-落叶阔叶混交林	5.8 ± 1.2^{b}	6.87 ± 1.42^{b}	33.0 ± 14.2^{a}	1.25 ± 0.45^{a}	32.91 ± 14.75^{a}	61.9 ± 13.5^{a}	20.56 ± 9.08^{b}
落叶阔叶林	2.7 ± 0.8^{b}	15.68 ± 4.53^{a}	26.7 ± 10.8^{b}	1.23 ± 0.74^{b}	34.82 ± 12.49^{a}	57.2 ± 21.6^{a}	22.96 ± 8.18^{a}
竹林	2.1 ± 0.5^{b}	9.43 ± 2.64^{bc}	41.2 ± 19.3^{b}	1.26 ± 0.53^{b}	30.19 ± 9.02^{a}	71.7 ± 30.4^{a}	23.85 ± 11.45^{a}
黄山松林	1.4 ± 0.2^{ab}	11.97 ± 4.36^{b}	18.6 ± 11.5^{b}	1.29 ± 0.62^{b}	25.26 ± 10.33^{bc}	59.5 ± 11.1^{a}	25.44 ± 5.85^{a}
针阔混交林	4.5 ± 0.9^{c}	14.88 ± 7.21^{a}	36.3 ± 10.9^{a}	1.27 ± 0.60^{bc}	27.45 ± 18.94^{b}	63.4 ± 32.3^{b}	16.50 ± 6.09^{a}
灌丛	3.9 ± 0.4^{b}	2.02 ± 0.86^{b}	29.5 ± 8.41^{b}	1.19 ± 0.32^{b}	38.31 ± 20.37^{c}	66.3 ± 28.2^{a}	13.21 ± 3.77^{a}

注：同列数字后不同小写字母 a、b、c 表示 $p<0.05$ 水平差异显著（下同）。

3.2 不同森林类型土壤入渗性能分析

土壤入渗性能是评价森林土壤水源涵养功能的关键指标，土壤有机质、质地、孔隙结构、温度和湿度等是影响其入渗性能的重要因素。庐山不同森林植被类型土壤入渗性能见表 3-2。由表 3-2 可以看出，土壤渗透速率在不同森林植被类型下的变化呈递减性趋势，即刚开始的渗透速率都比较高（即初渗值），随着时间的推移而渐渐下降，最后到达稳定状态（即稳渗值）。

表 3-2 庐山不同森林植被类型土壤入渗性能（平均值±标准差）

森林植被类型	毛管孔隙度/%	非毛管孔隙度/%	渗透速率/（mm·min^{-1}）	
			初渗值	稳渗值
马尾松林	49.68±12.51^a	4.67±0.85^b	3.637±0.511^a	0.387±0.093^a
常绿阔叶林	49.43±25.71^a	3.94±0.45^a	2.648±0.367^a	0.198±0.085^a
常绿-落叶阔叶混交林	47.95±28.02^a	3.12±0.31^a	1.921±0.063^b	0.132±0.007^b
落叶阔叶林	48.39±14.48^b	4.14±0.91^b	2.934±0.195^a	0.255±0.012^a
竹林	48.67±18.35^a	3.54±0.47^b	2.280±0.034^a	0.163±0.034^a
黄山松林	48.74±15.81^a	3.92±0.68^a	2.582±0.076^a	0.170±0.069^b
针阔混交林	48.52±20.60^c	3.53±0.12^a	2.612±0.052^c	0.173±0.055^a
灌丛	49.81±11.84^b	4.31±0.79^a	2.733±0.047^a	0.184±0.062^a

入渗性能比较好的土壤，在一定的降雨强度条件下，水分可以快速转化成为土壤内部径流或者充分地进入土壤进行贮存，不容易形成地表径流，可以有效地控制林地的水土流失。不同森林植被类型土壤入渗性能存在一定的差异，从土壤的渗透速率来看（表 3-2），马尾松林下土壤初渗速率（初渗值）是最快的，稳渗状态下的速率（稳渗值）也是最快的，因为马尾松林下土壤非毛管孔隙度最大

（4.67%），其渗透速率最快，所以在强降水情况下，马尾松林下地表径流较少，不易导致水土流失。常绿-落叶阔叶混交林和竹林下土壤入渗性能较差，因为这 2 种林分的根系较浅，水分下渗进土壤的速度最慢，在多雨季节可能会影响土层对水分的吸收和贮存。不同森林植被类型土壤入渗性能从大到小排序为：马尾松林>落叶阔叶林>常绿阔叶林>灌丛>针阔混交林>黄山松林>竹林>常绿-落叶阔叶混交林。

3.3　不同森林类型土壤持水性能分析

土壤持水性能是评价森林水文调节能力及土壤蓄水能力的重要指标之一，它包括毛管持水量、最大持水量及最小持水量，而土壤非毛管孔隙度和毛管孔隙度的大小决定其持水性能的高低。植物根系吸收水分和土壤蒸发都离不开土壤中的毛管孔隙，水分可以长时间稳定地保持在土壤中，水分在毛管孔隙中是悬浮状态；相反，在非毛管孔隙中主要是重力水，降水运动迅速，短时间就能下渗，可以保持水分。因此土壤总孔隙度越大，非毛管孔隙度越大，土壤持水性能就越好。庐山不同森林植被类型土壤持水性能见表 3-3。

由表 3-3 可知，就不同森林植被类型土壤总毛管孔隙度而言，马尾松林最大，常绿-落叶阔叶混交林最小。土壤总毛管孔隙度越大，土壤持水性能越好。不同森林植被类型土壤持水性能从强到弱的排序为：马尾松林>灌丛>落叶阔叶林>常绿阔叶林>黄山松林>竹林>针阔混交林>常绿-落叶阔叶混交林。由于马尾松林下土壤非毛管孔隙度最大（4.67%），总孔隙度也最大，所以其土壤持水性能最好。

通过比较可知，针阔混交林下土壤毛管持水量最大，落叶阔叶林最小，两者相差近 4 倍；常绿-落叶阔叶混交林下土壤最小持水量最大，落叶阔叶林最小；针阔混交林下土壤最大持水量最大，落叶阔叶林最小。这说明混交林（针阔混交林或常绿-落叶阔叶混交林）下具有较强的水分截持能力，较好地起到对森林土壤水分的有效补充。

土壤蓄水量能够反映土壤贮蓄和调节水分的潜在能力，它是土壤涵蓄潜力的最大值，用毛管孔隙与非毛管孔隙水分贮蓄量之和来表示，可以体现出森林土壤蓄水功能。根据土壤孔隙度和深度（土层厚度），以及第一章绪论中研究方法（1.7.2 测定及计算方法）有关计算土壤蓄水量的公式（1-1）：

测定土壤蓄水量（t·hm^{-2}）＝土壤孔隙度×10000 m^2×土壤深度

由表 3-3 通过比较可以得出，不同森林植被类型土壤蓄水量大小排序为：马尾松林＞落叶阔叶林＞常绿阔叶林＞黄山松林＞针阔混交林＞竹林＞常绿-落叶阔叶混交林＞灌丛，即马尾松林下土壤蓄水量最大，灌丛最小。这是由于马尾松林下土壤总毛管孔隙度最大，土层比较深厚、疏松，渗透性强，有利于水分的贮存和移动，该林下土壤蓄水能力最强。

表 3-3　庐山不同森林植被类型土壤持水性能（平均值±标准差）

森林植被类型	总毛管孔隙度 /%	毛管持水量 /（t·hm^{-2}）	最小持水量 /（t·hm^{-2}）	最大持水量 /（t·hm^{-2}）	土壤蓄水量 /（t·hm^{-2}）
马尾松林	54.35±19.06[a]	60.65±29.23[a]	55.03±14.18[a]	84.04±17.81[a]	1266.88±202.42[a]
常绿阔叶林	53.37±21.85[a]	66.98±14.51[b]	61.13±19.22[a]	94.03±28.89[a]	1099.58±194.21[a]
常绿-落叶阔叶混交林	51.07±13.41[a]	101.33±32.42[a]	92.35±26.21[b]	170.67±43.23[a]	898.49±67.45[b]
落叶阔叶林	52.53±17.20[b]	37.15±13.71[a]	35.99±8.65[b]	48.66±13.51[a]	1139.78±243.59[a]
竹林	52.21±34.19[a]	51.07±16.45[a]	47.11±11.27[a]	67.15±24.72[a]	986.37±185.35[a]
黄山松林	52.66±11.74[a]	65.78±25.13[a]	56.25±20.66[a]	120.21±39.07[a]	1057.39±298.54[a]
针阔混交林	52.05±26.52[a]	132.41±46.38[a]	41.50±41.03[a]	188.41±52.19[b]	1054.32±351.70[b]
灌丛	54.12±14.53[a]	70.33±17.11[a]	59.57±15.53[a]	78.53±24.37[a]	887.54±100.83[a]

3.4　不同森林类型土壤水土保持功能评价

土壤物理特性是影响其水土保持功能大小的关键，从土壤的物理特性、入渗性能和持水性能三个方面来描述其水土保持功能，找出影响土壤水土保持功能的主要因子。因此，土壤的水土保持功能主要取决于土壤硬度、土壤容重、毛管孔隙度、非毛管孔隙度、初渗值、稳渗值、最大持水量、土壤蓄水量及毛管持水量 9 个因子指标。根据野外采样测定以及实验分析结果，庐山不同森林植被类型土壤水土保持功能评价因子（9 个因子指标）平均值见表 3-4。

借助 SPSS 19.0 软件进行主成分分析评价，得出土壤的水土保持功能是各因子指标相互作用的结果，然后通过该软件计算得出其相关系数矩阵的特征值、方差贡献率及累积方差贡献率，结合主成分与原指标变量之间的相关系数，可以得出：主成分 1 包括初渗值、稳渗值和土壤蓄水量，主成分 2 包括毛管孔隙度、最大持水量和毛管持水量，主成分 3 包括非毛管孔隙度、土壤容重和土壤硬度。借助多元统计的主成分分析软件，系统计算得出庐山不同森林植被类型土壤水土保持功能评价因子指标的权重值见表 3-5。

表 3-4 庐山不同森林植被类型土壤水土保持功能评价因子（平均值）

森林植被类型	土壤容重 /(g·cm⁻³)	土壤硬度 /(kg·cm⁻²)	毛管孔隙度 /%	非毛管孔隙度 /%	渗透速率 /(mm·min⁻¹)		最大持水量 /(t·hm⁻²)	土壤蓄水量 /(t·hm⁻²)	毛管持水量 /(t·hm⁻²)
					初渗值	稳渗值			
马尾松林	1.17	13.25	49.68	4.67	3.637	0.387	84.04	1266.88	60.65
常绿阔叶林	1.21	17.38	49.43	3.94	2.648	0.198	94.03	1099.58	66.98
常绿-落叶阔叶混交林	1.25	20.56	47.95	3.12	1.921	0.132	170.67	898.49	101.33
落叶阔叶林	1.23	22.96	48.39	4.14	2.934	0.255	48.66	1139.78	37.15
竹林	1.26	23.85	48.67	3.54	2.280	0.163	67.15	986.37	51.07
黄山松林	1.29	25.44	48.74	3.92	2.582	0.170	120.21	1057.39	65.78
针阔混交林	1.27	16.50	48.52	3.53	2.612	0.173	188.41	1054.32	132.41
灌丛	1.19	13.21	49.81	4.31	2.733	0.184	78.53	887.54	70.33

表 3-5 庐山不同森林植被类型土壤水土保持功能指标权重值

主成分	功能指标	权重值
1	初渗值	0.079
	稳渗值	0.087
	土壤蓄水量	0.185
2	毛管孔隙度	0.169
	最大持水量	0.145
	毛管持水量	0.157
3	非毛管孔隙度	0.068
	土壤容重	0.083
	土壤硬度	0.027

第一章绪论中研究方法（1.7.2 测定及计算方法）有关方差贡献率的计算公式（1-2）为：

$$\eta_1 = \frac{\lambda_1}{\lambda_1 + \lambda_2 + \cdots + \lambda_m}（\lambda 为特征值）$$

根据公式（1-2）分别计算出方差极大旋转后的不同森林植被类型土壤各主成分因子得分（F_j）。

第一章绪论中研究方法（1.7.2 测定及计算方法）有关土壤水土保持功能综合评价的计算公式（1-3）为：

$$F = \sum_{j=1}^{k} \eta_j F_j$$

再根据公式（1-3）统计计算，得出不同森林植被类型土壤水土保持功能综合评价得分（F）。

综合以上 2 个公式分别计算庐山不同森林植被类型土壤水土保持功能主成分得分与综合评价得分见表 3-6。

表3-6　庐山不同森林植被类型土壤水土保持功能主成分得分与综合评价得分

森林植被类型	主成分			综合得分	评价排序
	1	2	3		
马尾松林	1.722	1.231	−0.224	2.0	1
常绿阔叶林	1.521	0.349	−0.273	1.5	3
常绿-落叶阔叶混交林	1.462	−0.321	0.436	0.6	4
落叶阔叶林	−1.261	0.632	0.452	−1.1	7
竹林	1.031	−0.756	−0.692	−1.0	6
黄山松林	−1.274	0.467	−0.742	−2.3	8
针阔混交林	1.583	0.435	−0.694	1.6	2
灌丛	0.273	0.521	−1.726	−0.5	5

根据综合得分越高，表示其水土保持功能越好，反之越差。从表3-6可知，庐山不同森林植被类型土壤水土保持功能从强到弱的排序为：马尾松林＞针阔混交林＞常绿阔叶林＞常绿-落叶阔叶混交林＞灌丛＞竹林＞落叶阔叶林＞黄山松林。马尾松林下土壤水土保持功能综合得分最高，即该林下土壤水土保持功能最好。原因是马尾松林下土壤容重的平均值最小，林下土壤疏松多孔，通气性能最好，持水性能最强。比较而言，针阔混交林大部分是人工林，该林下土壤结构较合理，通气性较好，所以该林下土壤的水土保持功能综合评价较高；而黄山松林下平均土壤容重最大，平均黏粒含量最小，该林下土壤水土保持功能综合得分最低，其水土保持功能最差，容易导致水土流失。

3.5　本章小结

对庐山8种主要森林植被类型土壤的物理特性、入渗性能、持水性能及水土保持功能进行系统研究，主要结论有：

（1）不同森林植被类型下凋落物层厚度整体状况良好；落叶阔叶林下腐殖质层厚度最大，马尾松林最小；除竹林和黄山松林下土层厚度相差较大外，其余森林植被类型下土层厚度的变化差异不大；马尾松林下平均土壤容重最小，平均黏粒含量最大，黄山松林下平均土壤容重最大，平均黏粒含量最小；不同森林植被类型土壤含水量相差不大，土壤硬度的平均值范围为 13.21～25.44 $kg \cdot cm^{-2}$。因此，不同森林植被类型土壤物理特性的差异可以引起其土壤透气性能及持水能力的变化。

（2）就不同森林植被类型土壤入渗性能大小比较：马尾松林最大，常绿-落叶阔叶混交林最小。这是由于马尾松林下土壤非毛管孔隙度最大，其渗透速率最快，而常绿-落叶阔叶混交林下水分下渗进入土体的速度最慢，容易形成地表径流。

（3）马尾松林下土壤蓄水量最大，灌丛最小，这是由于马尾松林下土壤总孔隙度最大，土层比较深厚、疏松，渗透性强，有利于水分的贮存和移动，该林下土壤蓄水能力最强；马尾松林下土壤持水性能最好，常绿-落叶阔叶混交林最差，原因为马尾松林下土壤非毛管孔隙度最大，总孔隙度也最大，因此，该林下土壤持水性能最强。

（4）不同森林植被类型土壤水土保持功能从大到小排序为：马尾松林＞针阔混交林＞常绿阔叶林＞常绿-落叶阔叶混交林＞灌丛＞竹林＞落叶阔叶林＞黄山松林。总体而言，马尾松林土壤疏松多孔，通气性能最好，其林下土壤入渗及持水性能最强，因此该林下土壤的水土保持功能最强。

第**4**章

庐山森林土壤化学特性及肥力特征

土壤肥力特征可以反映土壤环境的质量状况，它是土壤本质特征及其形成过程的综合体现。森林土壤肥力直接关系到森林的生长状况，影响着林业生产的结构布局及其环境生态效益。提高森林土壤肥力水平和维持森林生态系统的长期稳定已成为林业可持续发展的关键。因此，系统研究森林土壤化学特性及对森林土壤肥力水平的评价，可为森林土壤资源的合理利用及林业的可持续经营提供参考。目前主成分分析法是较为常见的、比较成熟的一种评价方法，它的广泛应用可为科学评价不同地区森林土壤肥力提供一定帮助。以庐山亚热带典型性森林植被类型土壤为研究对象，选择能够反映土壤肥力的定量指标因子（化学特性指标），利用 SPSS 软件支持下的主成分分析法，对不同森林植被类型下土壤肥力进行评价，目的是掌握了解不同森林植被类型下土壤的养分状况，以期为该区域森林的可持续经营管理及永续利用森林土壤提供科学依据。

4.1　不同森林类型土壤化学特性分析

表征森林土壤化学特性的主要指标包括土壤 pH、有机质、全氮及水解氮、全磷及有效磷、全钾及速效钾和 CEC。土壤养分状况主要是指土壤有机质、全量养分（全氮、全磷和全钾）、速效养分（水解氮、有效磷和速效钾）和 CEC。通过室内测试分析得到庐山不同森林植被类型土壤不同土层 pH 见图 4-1，不同森林植被类型土壤养分状况各指标值见表 4-1。

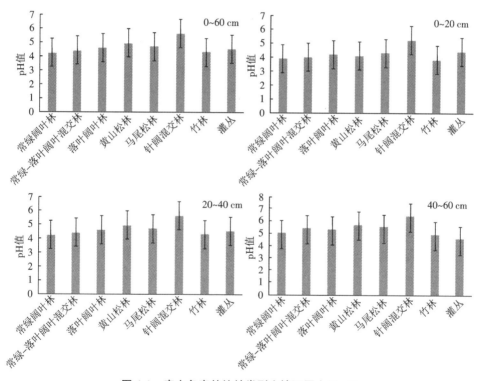

图 4-1　庐山各森林植被类型土壤不同土层 pH

土壤 pH 主要取决于土壤溶液中 H^+ 浓度，对土壤肥力及植物的生长影响很大，能直接或间接影响森林土壤中养分的存在状态、转化及其有效性。由图 4-1 可知，不同森林植被类型土壤（0～60 cm）平均 pH 变化大致在 4.3～5.8，通过比较可知，竹林下土壤酸性最强，这是由于竹林下土壤凋落物分解的有机酸过多，明显降低了土壤 pH。

有机质是土壤肥力的物质基础，是评价土壤健康的重要指标之一，可以提高土壤养分的有效性，加强土壤的保肥和供肥能力，同时又能促进团粒结构的形成，改善土壤的通气性、透水性和蓄水能力，增强土壤的缓冲性。从表 4-1 可以看出，落叶阔叶林下土壤有机质含量最多，这是由于该林下积累的凋落物最多，而森林凋落物正是其有机质的来源，并且落叶阔叶林下土壤腐殖质层的厚度也最大（具体详见第三章中的表 3-1）。除落叶阔叶林外，其他 7 种森林植被类型下土壤有机质含量的平均值相差不大。

土壤养分包括全量养分（氮、磷和钾）和速效养分（水解氮、有效磷和速效钾）。全氮量是土壤氮素养分的供给容量，在一定程度上说明土壤氮的供应能力，较高的含氮量常标志着较高的氮素供应水平；而水解氮是反映近期内土壤氮素供应水平的重要指标之一。由表 4-1 可知，落叶阔叶林下土壤全氮含量平均值最高，主要是因为该林下的凋落物层厚度大，而且其地表凋落物含有较多的氮和固氮微生物；落叶阔叶林下水解氮含量平均值最高，这与其林下土壤有机质含量最高有关。

土壤磷大部分是以迟效态存在的，全磷量是表达土壤中磷素养分储备的一个相对指标，它反映了土壤不断补充有效磷消耗的最大可能性。据表 4-1 比较可知，落叶阔叶林下土壤全磷含量平均值最大，马尾松林最小。有效磷可用以表示近期内植物可利用磷的多寡，有效磷含量标志着土壤供磷能力的大小。对不同森林植被类型土壤有效磷含量比较可知，常绿阔叶林下土壤有效磷含量平均值最小，这是由于常绿阔叶林树种在生长过程中需要吸收大量的磷，导致该林下土壤供磷能力不足。

全钾是植物生长所必需的营养养分之一，速效钾是植物所能利用的钾素，能反映出土壤中钾素的供应情况，促进作物根系的伸展和微生物活动。从表 4-1 中可知，常绿阔叶林下土壤全钾含量平均值最高，落叶阔叶林最低。落叶阔叶林下土壤速效钾含量的平均值相对偏少，这是因为落叶阔叶林下土壤对钾的吸收利用能力较强，从而导致土壤速效性钾含量较低。

CEC 是指土壤胶体所能吸附各种阳离子的总量，可以作为评价土壤保肥能力的重要指标之一，CEC 数值的大小是改良土壤合理施肥的重要依据。根据表 4-1 可知，落叶阔叶林下 CEC 的平均值大于其他 7 种森林植被类型，这是因为该森林植被下的凋落物分解速度较快，从而导致进入土壤的养分数量较多，并且与土壤 pH 也有一定的关系。

表 4-1　庐山不同森林植被类型土壤养分状况（平均值±标准差）

森林植被类型	有机质 /(g·kg⁻¹)	全氮 /(g·kg⁻¹)	水解氮 /(mg·kg⁻¹)	全磷 /(g·kg⁻¹)	有效磷 /(mg·kg⁻¹)	全钾 /(g·kg⁻¹)	速效钾 /(mg·kg⁻¹)	CEC /(cmol·kg⁻¹)
常绿阔叶林	55.2±18.7ᵃ	9.34±1.29ᵇ	77.4±13.7ᵃ	8.79±0.97ᵃ	60.9±21.7ᵃ	8.51±0.71ᵃ	207.6±65.8c	45.22±20.75ᵃ
常绿-落叶阔叶混交林	64.1±13.8ᵇ	19.63±2.48ᵃ	87.7±24.9ᵃ	7.39±2.38ᵃ	99.2±31.8ᵃ	7.25±0.97ᵃ	112.1±36.4ᵃ	62.62±13.29ᵃ
落叶阔叶林	114.8±32.5ᵃ	20.75±8.21ᵃ	92.2±19.5ᵇ	10.04±3.96ᵇ	108.5±23.5ᵃ	7.11±1.07ᵇ	108.9±22.1ᵃ	67.09±31.92ᵃ
黄山松林	63.7±22.6ᵃ	19.09±7.20ᵇ	87.2±14.5ᵃ	5.65±0.89ᵃ	95.4±36.6ᵃ	7.70±0.98ᵃ	125.6±50.7ᵃ	59.86±17.54ᵇ
马尾松林	56.7±19.3ᵃ	10.42±0.65ᵃ	78.1±25.1ᵃ	5.63±2.09ᵇ	72.3±10.3ᵃ	8.21±0.72ᵃ	197.7±73.6ᵇ	51.73±28.56ᵇ
针阔混交林	61.2±24.5ᵃ	16.93±4.53ᵃ	85.9±34.4ᵃ	6.43±1.14ᵃ	92.3±27.4ᵃ	7.74±1.11c	143.8±41.2ᵇ	55.16±16.92ᵃ
竹林	57.3±17.4ᵃ	14.14±3.49ᵃ	78.5±20.2ᵃ	6.92±0.87ᵃ	84.5±15.2ᵇ	8.16±2.54ᵃ	178.1±38.3ᵃ	52.40±12.05ᵃ
灌丛	58.0±10.8ᵃ	12.48±5.14ᵃ	85.1±31.3ᵃ	7.15±1.06ᵃ	88.8±29.1ᵃ	8.12±1.16ᵃ	175.4±13.5ᵃ	53.10±9.82ᵃ

注：采样土层深度为 0～60 cm。

4.2 不同森林类型土壤化学特性的垂直分布特征

庐山不同森林植被类型 0～20 cm、20～40 cm 和 40～60 cm 土层的土壤养分状况各指标值分别见表 4-2、4-3 和 4-4。

由图 4-1 可以看出，8 种森林植被类型土壤（0～60 cm）pH 均小于 7，表明 8 种森林植被类型土壤均呈酸性或强酸性，这主要是因为研究区位于亚热带湿润气候区，各森林植被类型土壤都主要是在砂岩上发育而成，土壤中存在的酸性物质及铁、铝氧化物过多，再加上庐山地区具有一定的酸沉降状况，降水 pH 偏低（酸雨），每年输入土壤中的 H^+ 较多所导致的。8 种森林植被类型土壤中，针阔混交林下土壤 pH（pH＝5.8）明显高于其他森林植被类型土壤，其余森林植被类型土壤 pH 均处于 4.3～4.9 之间，其中竹林下土壤酸度最低（酸性最强，pH 最小），pH 仅为 4.3。由于针阔混交林下较厚的凋落物和腐殖质层，在同一场降水中，其地表残留最高，渗透性最低，该林下土壤所接受的 H^+ 输入量在 8 种森林植被类型中是最低的，因此针阔混交林土壤酸化程度相对较低，该林下土壤 pH 最高。

通过不同土层的土壤 pH 对比发现，0～20 cm 土层的土壤 pH 较 20～40 cm 土层的低，而 20～40 cm 土层的土壤 pH 又低于 40～60 cm 土层的，即呈现随土层深度增加，pH 逐渐升高的整体趋势。如常绿阔叶林，0～20 cm 土层的土壤 pH 为 3.9，20～40 cm 土层的 pH 为 4.2，而 40～60 cm 土层的 pH 则变为 5.0。一方面由于森林凋落物在微生物的作用下进行分解，其过程产生多种有机酸和矿质元素，并通过降水向下层土壤淋溶，进而会造成土壤溶液 pH 的变化；另一方面可能是由于大气降水偏酸性（酸雨的影响），表层土壤受酸沉降影响最大，而到达深层土壤时，由于酸沉降受到上层土壤的缓冲作用，对深层土壤的影响较小。这一研究结果与薛南冬等（2005）在湖南两个典型小流域的土壤酸化随土层深度变化呈现相同趋势，与胡波等（2015）在重庆缙云山地区研究得到的森林土壤酸化变化特征也相一致。

8 种森林植被类型土壤有机质含量均随着土层深度呈现明显下降趋势（具体见表 4-2，4-3，4-4）。其中 0～20 cm 土层有机质平均含量为 97.30 g·kg^{-1}，20～40 cm 土层的有机质平均含量为 74.53 g·kg^{-1}，40～60 cm 土层有机质平均含量为 27.30 g·kg^{-1}。土壤有机质含量最高的落叶阔叶林由 0～20 cm 的 147.2 g·kg^{-1} 下降至 20～40 cm 的 120.5 g·kg^{-1} 及 40～60 cm 的 76.7 g·kg^{-1}。而有机质含量最低的马尾松林土壤有机质含量由 80.3 g·kg^{-1} 逐步减低为 64.9 g·kg^{-1} 和 16.9 g·kg^{-1}。可以看出，0～20 cm 土层有机质平均含量是 40～60 cm 土层的 3 倍多。

土壤有机质随着土层深度增加而明显降低的趋势是大多数土壤类型的基本规律，邵方丽、杜有新、沈海燕、徐华君等学者的研究也表明这一趋势。这主要是由于越往深处植物根系的总生物量越少，植物根系的死亡腐败产生的有机质减少；其次是森林凋落物，凋落物的分解是土壤有机质的主要来源之一，而凋落物基本在土壤中分解之后主要滞留在表土层（0～20 cm）。

跟土壤有机质含量的变化特征相似，不同森林植被类型土壤全氮量在各土层间差异明显，均表现为随土层深度的增加而急剧减少。具体表现为：0～20 cm 土层全氮含量为 17.34～33.12 g·kg^{-1}，20～40 cm 土层全氮含量为 10.12～22.56 g·kg^{-1}，40～60 cm 土层全氮含量为 0.55～6.58 g·kg^{-1}，这与林下凋落物直接在表层堆积有关，造成其表层土壤全氮的含量较高，且随土层深度的增加，40～60 cm 土层因为渗透流失作用和生物分解作用而大幅减少（锐减）。

水解氮在 0～20 cm 土层和 40～60 cm 土层有一定差别。具体表现为：在 0～20 cm 土层水解氮含量为 100.6～123.0 mg·kg^{-1}，不同森林植被类型土壤水解氮含量依次为常绿阔叶林＜马尾松林＜竹林＜灌丛＜针阔混交林＜黄山松林＜常绿-落叶阔叶混交林＜落叶阔叶林；40～60 cm 土层水解氮含量为 36.9～54.6 mg·kg^{-1}，不同森林植被类型水解氮含量从小到大依次为马尾松林＜竹林＜灌丛＜常绿阔叶林＜黄山松林＜针阔混交林＜常绿-落叶阔叶混交林＜落叶阔叶林。

全磷在不同土层间的差异表现为，在 0～20 cm 土层，其含量为 15.22～

22.17 g·kg^{-1}，20～40 cm 土层为 5.02～10.21 g·kg^{-1}，40～60 cm 土层则为 0.57～1.74 g·kg^{-1}。有效磷含量在不同土层间差别较大，表现在 0～20 cm 土层其含量为 146.7～166.4 mg·kg^{-1}，不同森林植被类型土壤有效磷含量依次为常绿阔叶林＜马尾松林＜竹林＜灌丛＜针阔混交林＜黄山松林＜常绿-落叶阔叶混交林＜落叶阔叶林；20～40 cm 土层为 102.5～120.2 mg·kg^{-1}，马尾松林最小，落叶阔叶林最大；40～60 cm 土层为 13.1～38.8 mg·kg^{-1}，不同森林植被类型土壤有效磷含量从小到大依次为马尾松林＜竹林＜灌丛＜常绿阔叶林＜黄山松林＜针阔混交林＜常绿-落叶阔叶混交林＜落叶阔叶林。

不同土层全钾含量范围为 2.07～13.00 g·kg^{-1}，不同森林植被类型相同土层间差异不大，其中落叶阔叶林最大，针阔混交林最小；不同森林植被类型土壤全钾含量大小排序为：落叶阔叶林＞竹林＞黄山松林＞常绿-落叶阔叶混交林＞马尾松林＞灌丛＞常绿阔叶林＞针阔混交林。0～20 cm 土层速效钾含量为 162.3～282.4 mg·kg^{-1}，不同森林植被类型土壤速效钾含量大小排序为：针阔混交林＞灌丛＞马尾松林＞常绿-落叶阔叶混交林＞黄山松林＞竹林＞常绿阔叶林＞落叶阔叶林；20～40 cm 土层速效钾含量为 110.3～210.6 mg·kg^{-1}，其含量大小排序为：针阔混交林＞灌丛＞常绿阔叶林＞马尾松林＞落叶阔叶林＞竹林＞黄山松林＞常绿-落叶阔叶混交林；40～60 cm 土层速效钾含量为 32.5～140.0 mg·kg^{-1}，不同森林植被类型土壤速效钾含量大小排序为：针阔混交林＞常绿阔叶林＞灌丛＞马尾松林＞常绿-落叶阔叶混交林＞竹林＞落叶阔叶林＞黄山松林。

不同森林植被类型不同土层间土壤 CEC 相差不明显，0～20 cm 土层 CEC 为 80.23～90.42 cmol·kg^{-1}，其中，落叶阔叶林最高，常绿阔叶林最低；20～40 cm 土层 CEC 为 62.15～70.36 cmol·kg^{-1}，40～60 cm 土层为 11.56～19.48 cmol·kg^{-1}，均表现为落叶阔叶林最高，马尾松林最低。

从不同森林植被类型土壤的有机质、氮素、磷素、钾素和 CEC 等肥力因子（养分状况）来看，土壤有机质、氮素（全氮和水解氮）、磷素（全磷和有效磷）和速效钾随土层深度的不断增加呈现快速降低趋势，而 pH、全钾和 CEC 等因子随土层深度的变化差异不明显。可见土壤有机质、氮素、磷素和速效钾对森林土壤肥力在垂直方向上的影响较大，即对不同森林植被类型的生长存在空间供应上的多维影响，这对森林植被下的土壤肥力管理有一定的参考意义。

表 4-2　庐山不同森林植被类型 0~20 cm 土壤养分状况(平均值±标准差)

森林植被类型	有机质 /(g·kg⁻¹)	全氮 /(g·kg⁻¹)	水解氮 /(mg·kg⁻¹)	全磷 /(g·kg⁻¹)	有效磷 /(mg·kg⁻¹)	全钾 /(g·kg⁻¹)	速效钾 /(mg·kg⁻¹)	CEC /(cmol·kg⁻¹)
常绿阔叶林	88.3±12.9^a	17.34±4.35^a	100.6±26.3^b	20.52±7.95^a	146.7±32.5^a	11.62±4.04^a	166.8±42.5^{ab}	80.23±46.15^a
常绿-落叶阔叶混交林	96.3±14.3^a	30.26±8.13^a	121.4±46.0^a	19.90±5.12^a	157.8±47.4^b	12.59±3.01^a	241.5±55.2^a	86.17±22.53^a
落叶阔叶林	147.2±52.1^b	33.12±9.18^a	123.0±34.6^a	22.17±8.85^a	166.4±53.6^a	13.00±5.65^a	162.3±45.7^a	90.42±31.95^a
黄山松林	96.1±31.8^a	25.94±7.42^a	120.5±33.5^a	15.36±3.84^c	156.5±42.1^a	12.65±3.21^b	180.7±59.1^a	85.38±52.19^a
马尾松林	80.3±23.4^a	18.01±6.14^b	107.4±36.8^a	15.22±5.13^a	149.3±32.0^c	12.44±2.52^a	244.9±47.4^a	83.34±12.42^b
针阔混交林	90.6±43.7^a	23.36±7.27^a	119.5±45.5^a	16.35±7.15^a	152.5±43.9^a	11.01±1.03^a	282.4±64.3^a	84.92±23.15^a
竹林	89.5±25.2^a	18.34±6.18^a	110.0±44.2^b	17.05±5.91^b	150.2±36.3^a	12.86±3.74^a	176.4±50.8^b	83.90±19.37^a
灌丛	90.1±32.5^a	20.10±6.32^a	115.3±32.1^a	18.62±6.05^a	152.4±41.2^a	12.19±1.16^a	260.8±51.6^a	84.26±33.50^b

表4-3 庐山不同森林植被类型20~40 cm 土壤养分状况（平均值±标准差）

森林植被类型	有机质/(g·kg⁻¹)	全氮/(g·kg⁻¹)	水解氮/(mg·kg⁻¹)	全磷/(g·kg⁻¹)	有效磷/(mg·kg⁻¹)	全钾/(g·kg⁻¹)	速效钾/(mg·kg⁻¹)	CEC/(cmol·kg⁻¹)
常绿阔叶林	66.2±13.3^a	11.12±2.05^b	89.6±14.9^a	8.33±4.82^a	108.5±21.5^a	8.37±1.10^b	190.2±49.2^a	63.26±22.73^a
常绿-落叶阔叶混交林	70.1±23.5^a	19.36±3.18^a	94.5±34.8^a	5.34±2.48^a	110.6±32.1^a	9.01±3.95^a	110.3±22.8^a	65.38±23.19^a
落叶阔叶林	120.5±32.7^c	22.56±6.03^a	100.6±35.5^a	10.21±6.95^a	120.2±43.0^a	9.25±2.56^a	133.6±30.5^a	70.36±31.85^a
黄山松林	73.0±12.5^a	21.08±5.08^a	97.2±24.7^b	5.02±1.90^b	113.2±31.5^a	9.12±2.15^a	120.5±27.3^a	65.42±13.10^b
马尾松林	64.9±22.7^a	10.12±2.25^a	86.5±14.1^a	5.05±2.11^a	102.5±19.6^a	8.95±1.96^a	180.8±30.5^{ac}	62.15±35.24^a
针阔混交林	69.9±34.1^a	15.36±4.14^a	91.7±25.2^a	6.26±4.15^a	110.0±23.3^a	8.26±1.12^a	210.6±65.2^a	65.28±17.71^c
竹林	65.3±16.4^a	10.56±1.22^{ac}	88.6±13.3^a	6.24±3.85^a	105.1±11.8^a	9.16±3.49^a	133.5±23.1^a	63.22±28.36^a
灌丛	66.4±23.2^b	14.58±4.35^a	90.5±23.4^a	6.02±2.07^a	109.3±57.4^a	8.46±2.83^{ab}	200.3±54.7^a	64.19±12.92^a

表 4-4　庐山不同森林植被类型 40~60 cm 土壤养分状况（平均值±标准差）

森林植被类型	有机质 /(g·kg⁻¹)	全氮 /(g·kg⁻¹)	水解氮 /(mg·kg⁻¹)	全磷 /(g·kg⁻¹)	有效磷 /(mg·kg⁻¹)	全钾 /(g·kg⁻¹)	速效钾 /(mg·kg⁻¹)	CEC /(cmol·kg⁻¹)
常绿阔叶林	19.2±3.9ᵃ	1.99±0.19ᵃ	45.4±13.9ᵃ	1.51±0.17ᵃ	18.8±4.5ᵃ	2.10±0.18ᵃ	121.8±54.1ᵃ	14.01±3.32ᵃ
常绿-落叶阔叶混交林	25.8±7.8ᵃ	5.92±1.43ᵃ	48.2±27.5ᵃ	0.92±0.53ᵃ	27.9±16.8ᵃ	2.94±1.03ᵃ	66.9±11.4ᵃ	16.14±4.75ᵃ
落叶阔叶林	76.7±22.7ᵃ	6.58±1.14ᵃ	54.6±9.7ᵇ	1.74±0.45ᵃ	38.8±9.1ᵃ	3.50±0.91ᵃ	49.6±22.7ᵃ	19.48±6.96ᵃ
黄山松林	22.0±6.4ᵃ	4.49±1.85ᵃ	45.7±14.9ᵃ	0.57±0.08ᵇ	21.1±13.9ᵃ	2.96±0.72ᵃ	32.5±10.9ᵃ	14.21±3.53ᵃ
马尾松林	16.9±5.5ᵃ	0.55±0.27ᵃ	36.9±10.2ᵃ	0.62±0.14ᵃ	13.1±2.6ᵃ	2.82±0.96ᵃ	99.3±32.2ᵃ	11.56±2.26ᵇ
针阔混交林	23.2±9.9ᵃ	5.50±2.31ᵃ	46.5±18.8ᵃ	0.69±0.21ᵃ	25.9±10.8ᵃ	2.07±1.05ᵃ	140.0±38.1ᵃ	15.07±5.34ᵃ
竹林	17.2±2.0ᵇ	1.74±1.08ᵇ	38.4±25.3ᵃ	1.46±0.85ᵇ	13.8±7.3ᵃ	2.97±0.88ᵇ	50.6±16.5ᵃ	12.19±4.94ᵃ
灌丛	17.4±4.7ᵃ	1.81±0.72ᵃ	44.1±16.4ᵃ	0.81±0.37ᵃ	13.9±6.8ᵃ	2.21±0.64ᵃ	103.1±24.8ᵇ	13.98±7.11ᵃ

4.3　土壤化学特性各指标之间的相关性

　　周围环境条件的变化可以使土壤化学特性各项指标在土壤剖面上发生相应的变化，土壤化学特性各指标最终转变为土壤化学元素的迁移分异，而土壤化学元素（包括营养元素及微量元素等）在土壤剖面上的分布变化受到多种因素的共同影响。为更好地说明土壤化学特性各项指标间的相互关系，借助 SPSS 19.0 软件对其各项指标进行相关性分析。土壤化学特性各指标之间的相关性见表 4-5。

表 4-5　土壤化学特性各指标之间的相关性

	pH	有机质	全氮	水解氮	全磷	有效磷	全钾	速效钾	CEC
pH	1.00								
有机质	-0.40	1.00							
全氮	-0.39	0.89^{**}	1.00						
水解氮	-0.35	0.81^{**}	0.83^{**}	1.00					
全磷	-0.41	0.32	0.33	0.36	1.00				
有效磷	0.06	0.72^{**}	0.60^{**}	0.62^{**}	0.08	1.00			
全钾	0.31	-0.40	-0.27	-0.38	-0.38	0.19	1.00		
速效钾	0.27	-0.11	0.11	-0.10	-0.33	0.31	0.74^{**}	1.00	
CEC	-0.12	0.64^{**}	0.61^{**}	0.52^{*}	0.26	0.14	-0.69^{**}	-0.08	1.00

　　注：* 表示显著相关，$p < 0.05$；** 表示极显著相关，$p < 0.01$。

　　从表 4-5 可知，土壤有机质与全氮及水解氮存在极显著正相关关系（$r = 0.89$，0.81，$p < 0.01$），这表明土壤有机质含量与土壤氮素有密切关系；土壤有机质与有效磷存在极显著正相关（$r = 0.72$，$p < 0.01$），这说明土壤有机质

（腐殖质）对磷素的活化作用在提高有效磷含量上起着至关重要的作用；土壤全氮与水解氮、有效磷呈极显著正相关（$r=0.83$，0.60，$p<0.01$），以及水解氮与有效磷呈极显著正相关（$r=0.62$，$p<0.01$），这表明土壤碳氮磷素之间有着密切的相互关系；土壤全钾与速效钾呈极显著正相关（$r=0.74$，$p<0.01$），这与土壤溶液中阳离子交换及其相互作用有一定关联，即速效钾与全钾关系十分密切；CEC 与有机质、全氮呈极显著正相关关系（$r=0.64$，0.61，$p<0.01$），与水解氮呈显著正相关（$r=0.52$，$p<0.05$），与全钾呈极显著负相关（$r=-0.69$，$p<0.01$），说明 CEC 影响土壤全量养分的转化，CEC 的高低主要取决于有机物质在土壤中转化过程的强弱。

有机质是土壤中氮、磷的重要来源，因此，有机质与氮、磷元素的相关性明显。有机质与钾元素之间呈负相关关系（$r=-0.40$，-0.11）。有机质与速效养分（水解氮和有效磷）之间呈极显著正相关，结果表明，有机质的分解产物可以增加土壤溶液的酸度，提高土壤中水解氮、有效磷等速效养分的有效性。综上可知，有机质与氮、磷、钾等养分不仅是土壤肥力的重要物质基础，也是评价土壤肥力的关键性指标。土壤化学特性各指标之间，尤其是有机质与氮、磷、钾等指标之间的相关性说明其存在着消长协调性，对评价森林土壤肥力具有一定的指导意义。

4.4　不同森林类型土壤肥力评价

土壤养分最终来源于土壤有机质，它是影响土壤肥力活性的非常重要因素，土壤有机质对土壤全氮及水解氮和有效磷具有显著影响（呈极显著正相关关系），土壤 pH 对土壤养分的有效性也有一定的影响。运用主成分分析法对庐山不同森林植被类型土壤肥力进行评价，目的是摸清不同森林植被类型土壤的养分状况。

　　主成分分析就是把原来的指标重新组合成一组互相无关的新的若干个综合性指标来替代原来的指标,同时根据需要从中选取少数几个较小的综合性指标尽可能多地反映原来的信息,即把多个指标转化为少数几个综合性指标的方法。根据主成分的累积贡献率达到85%为宜原则来提取其主成分,获取主成分的主要信息,从而降低观测的空间维数。

　　因子载荷矩阵中其绝对值越大,表明该主成分上的载荷越大,即对该主成分的影响越大。根据第一章绪论中研究方法(1.7.2测定及计算方法)有关对土壤肥力评价的计算步骤:①原始数据标准化,②求相关矩阵 R,③求矩阵 R 的特征根、特征向量和贡献率,④确定主成分个数 K,用 K 个主成分得分值进行排序。运用 SPSS 19.0 软件通过选择方差最大化方法进行因子旋转,对 9 项土壤肥力指标(pH、有机质、全氮及水解氮、全磷及有效磷、全钾及速效钾和CEC)进行主成分分析,土壤肥力指标与 6 个主成分的因子贡献率见表 4-6。

表 4-6　土壤肥力指标与 6 个主成分的因子贡献率

指标项目	第一主成分	第二主成分	第三主成分	第四主成分	第五主成分	第六主成分
pH	−0.1495	−0.1389	−0.1973	−0.2824	−0.2012	−0.1492
有机质	0.2414	0.1752	0.1882	0.2246	0.2378	0.1882
全氮	0.2279	0.1769	0.1785	0.1945	0.2516	0.1715
水解氮	0.2308	0.1853	0.1996	0.2137	0.2422	0.1936
全磷	0.2164	0.1648	0.2054	0.1761	0.1954	0.1386
有效磷	0.2081	0.1969	0.1829	0.1779	0.1761	0.1549
全钾	0.1992	0.1880	0.1931	0.2056	0.1968	0.1775
速效钾	0.2147	0.1805	0.2158	0.2642	0.2281	0.1834
CEC	0.1753	−0.1651	0.1659	0.2490	−0.2193	−0.1950

　　由表 4-6 可知,各项土壤肥力指标因子载荷量差异较为明显,其中对第一主成分的贡献率较大的因子为有机质(0.2414)和水解氮(0.2308),对第二主成分贡献率较大的因子是有效磷(0.1969)和全钾(0.1880),对第三主成分贡献率较大的因子是速效钾(0.2158)和全磷(0.2054),pH 对第四主成分贡献

率最大（－0.2824），全氮对第五主成分贡献率最大（0.2516），CEC 对第六主成分的贡献率最大（－0.1950）。

根据表 4-6 中 6 个主成分的因子贡献率组建 6 个主成分方程，以特征根为权，将 6 个主成分加权综合（计算其线性加权和的值），得到不同森林植被类型土壤肥力状况的养分得分值（综合评价值），见图 4-2。从图 4-2 得分结果来看，不同森林植被类型下土壤肥力状况得分（养分得分值）从高到低排序为：落叶阔叶林＞常绿-落叶阔叶混交林＞常绿阔叶林＞竹林＞灌丛＞针阔混交林＞马尾松林＞黄山松林。落叶阔叶林下土壤肥力最优，黄山松林下土壤肥力最差，这是由于落叶阔叶林下土壤有机质、全氮、水解氮、全磷、有效磷及 CEC 含量最多，该林下土壤养分保持最高。

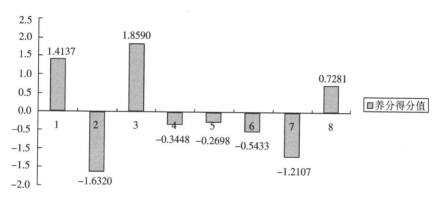

图 4-2　庐山不同森林植被类型土壤肥力得分值

4.5　本章小结

以庐山 8 种森林植被类型土壤为研究对象，通过对不同森林植被类型 0～20 cm、20～40 cm 和 40～60 cm 土层的土壤化学特性进行分析比较，选择土壤 pH、有机质、全氮及水解氮、全磷及有效磷、全钾及速效钾和 CEC 等 9 项肥力指标，运用主成分分析法对庐山不同森林植被类型土壤肥力进行评价，主要结论如下：

（1）不同森林植被类型土壤平均 pH 为 4.3～5.8，竹林下土壤酸性最强，针阔混交林土壤酸化程度相对较低，该林下土壤 pH 最高；落叶阔叶林下土壤有机质、全氮及水解氮、全磷及有效磷和 CEC 含量平均值最高；常绿阔叶林下土壤全钾和速效钾含量平均值最高。

（2）不同森林植被类型不同土层之间用来表明肥力特征的 9 个指标除土壤 pH 外，均随土层深度增加而降低，土壤有机质、全氮、水解氮、全磷、有效磷和速效钾随土层深度的不断增加表现出明显的降低，而土壤 pH、全钾和 CEC 含量在不同森林植被类型下不同土层间的差异不大。可见土壤有机质、氮素、磷素和速效钾对森林土壤肥力在垂直方向上的影响较为明显。

（3）土壤有机质与全氮及水解氮、有效磷呈极显著正相关；土壤全氮与水解氮、有效磷呈极显著正相关；全钾与速效钾呈极显著正相关；CEC 与有机质、全氮呈极显著正相关，与水解氮呈显著正相关，与全钾呈极显著负相关。土壤化学特性各指标之间，尤其是有机质与氮、磷、钾等指标之间的相关性，说明其存在着消长协调性，对评价森林土壤肥力具有一定的指导意义。

（4）在土壤肥力评价方面，根据主成分的加权综合法计算可知，不同森林植被类型下土壤肥力水平（养分得分值）从高到低排序为：落叶阔叶林＞常绿-落叶阔叶混交林＞常绿阔叶林＞竹林＞灌丛＞针阔混交林＞马尾松林＞黄山松林。总之，落叶阔叶林下土壤有机质、氮素、磷素和 CEC 含量最多，土壤养分保持最高，因此该林下土壤肥力最强。

第5章

庐山森林土壤生物学特征

　　土壤酶活性是评价土壤生物活性最基本的指标，酶活性的大小与土壤理化特性、肥力状况密切相关，它是表征土壤肥力质量的重要生物学指标之一，直接参与土壤中各种生物化学过程。土壤微生物特性包括土壤微生物量的演变及微生物群落功能多样性，它是森林土壤质量变化的敏感指标，在整个森林生态系统物质循环中起着重要的作用。研究土壤酶活性及微生物特性可以为保持森林土壤质量肥力常新与森林土壤生态系统良性循环提供理论参考。以庐山不同森林植被类型土壤为研究对象，探讨不同森林植被类型下土壤酶活性、微生物量（包括 MBC、MBN、MBP）及生物多样性的差异，解析地上植被与土壤酶活性、微生物量及微生物群落的相互关系，从生物学角度揭示森林土壤质量的变化机制，以期为亚热带山地森林土壤质量（健康）评价提供基础数据。

5.1 不同森林类型土壤酶活性的变化特征

森林土壤中一切复杂的生物化学过程均在土壤酶的参与下才能够完成，土壤酶活性是衡量土壤肥力的重要生物学指标之一。研究表明，不同森林植被类型土壤酶活性存在差异性，且不同土层的土壤酶活性也有一定差异性。庐山不同森林植被类型土壤纤维素酶、脲酶、过氧化氢酶、多酚氧化酶、酸性磷酸酶及同种森林植被类型不同土层的酶活性演变规律见表5-1。

纤维素作为植物残体进入土壤，在纤维素酶的作用下被最终催化水解成为纤维二糖并最后分解为葡萄糖，为碳水化合物的重要组成成分之一。纤维素酶是具有纤维素降解能力酶的总称，它们协同作用分解纤维素，是参与碳素生物循环的一种水解酶，对维持生态系统平衡稳定起着重要的作用，纤维素酶可以加速提升土壤中潜在养分的有效性，是评价土壤肥力的重要指标。从表5-1比较可知：不同森林植被类型土壤纤维素酶活性大小排序为：竹林＞马尾松林＞黄山松林＞常绿-落叶阔叶混交林＞针阔混交林＞常绿阔叶林＞落叶阔叶林＞灌丛，这是因为竹林下凋落物中的木质素含量较其他森林植被类型都要高，所以竹林下纤维素酶活性最高。

脲酶是土壤中常见的能促进尿素水解的水解酶，可以促进尿素的水解成为植物所利用的氮素，其活性大小用来表征土壤氮素的供应状况。由表5-1可知，不同森林植被类型土壤脲酶活性大小排序为：灌丛＞常绿-落叶阔叶混交林＞常绿阔叶林＞落叶阔叶林＞马尾松林＞竹林＞黄山松林＞针阔混交林，灌丛下脲酶活性明显高于其他7种森林植被类型，针阔混交林下脲酶活性最低，说明灌丛下土壤有机氮的转化过程明显快于针阔混交林，灌丛下土壤氮素供应状况最好。

过氧化氢酶是将土壤中物质和能量进行转化的一种重要氧化还原酶，它的主要作用是把对生物体有毒的过氧化氢分解为水和氧气，其活性强度与土壤有机质转化速度有关，过氧化氢酶的活性大小在一定程度上可以表征土壤生物氧化过程的强弱。表 5-1 比较可知，不同森林植被类型土壤过氧化氢酶活性大小排序为：常绿-落叶阔叶混交林＞落叶阔叶林＞灌丛＞针阔混交林＞常绿阔叶林＞竹林＞马尾松林＞黄山松林。表土层（0～20 cm）灌丛的过氧化氢酶活性（31.05 mL · g^{-1}）显著高于其他森林植被类型，马尾松林和黄山松林下过氧化氢酶活性显著低于常绿-落叶阔叶混交林、落叶阔叶林和灌丛，这是因为马尾松林和黄山松林下凋落物分解速度较慢，导致该林下土壤解除呼吸过程中产生的过氧化氢较少。

多酚氧化酶的来源主要是土壤微生物、动植物残体的分解物及植物根系分泌物，其活性大小与腐殖质的形成和碳素的营养释放密切相关，在土壤芳香族有机化合物转化为腐殖质的过程中起着重要作用，它通常用以衡量土壤腐殖化的程度。由表 5-1 可以得出不同森林植被类型土壤多酚氧化酶活性从大到小排序为：常绿阔叶林＞常绿-落叶阔叶混交林＞灌丛＞竹林＞落叶阔叶林＞马尾松林＞黄山松林＞针阔混交林。即常绿阔叶林下土壤多酚氧化酶活性最高，针阔混交林最低，这是由于常绿阔叶林下表层腐殖质颜色深暗，表明该林下土壤的腐殖化程度最高。

磷酸酶是土壤中广泛存在的能够催化磷酸脂或磷酸酐进行水解反应的水解酶，它的主要类型有磷酸单脂酶、磷酸二脂酶和三磷酸单脂酶等，其中磷酸单脂酶是研究最多的磷酸酶，它又分酸性磷酸酶和碱性磷酸酶两种，由于庐山土壤均表现为酸性，所以本研究主要为酸性磷酸酶。磷酸酶活性是评价土壤磷素生物转化方向与强度的指标，能在一定程度上衡量土壤有效磷的水平。由表 5-1 比较可知，不同森林植被类型土壤酸性磷酸酶活性大小排序为：竹林＞常绿阔叶林＞常绿-落叶阔叶混交林＞落叶阔叶林＞针阔混交林＞灌丛＞马尾松林＞黄山松林。这是由于竹林下土壤酸性最强（pH 仅为 4.3），该林下土壤磷酸酶酶促作用能加速土壤有机磷的脱磷速度，提高磷的有效性，因此，竹林下土壤酸性磷酸酶活性最高。

随着土层的不断加深，土壤的通气状况逐渐下降，土体内微生物种类和数量不断下降，致使土壤酶活性逐渐降低。通过比较以上 5 种土壤酶活性，过氧化氢酶下降速度明显大于其他 4 种土壤酶。另外，由 SPSS19.0 软件结果显示，过氧化氢酶在 0～20 cm 土层中的酶活性比下一层高 80%，其他 4 种酶下降范围在 40～60%；0～20 cm 与 20～40 cm 土层的土壤酶活性差异比较显著，20～40 cm 与 40～60 cm 土层酶活性差异不明显。

表 5-1　庐山不同森林植被类型不同土层土壤酶活性(平均值±标准差)

森林类型		酶类别				
		纤维素酶 /(mg·g⁻¹)	脲酶 /(mg·kg⁻¹)	过氧化氢酶 /(mL·g⁻¹)	多酚氧化酶 /(mg·g⁻¹)	酸性磷酸酶 /(mg·g⁻¹)
灌丛	0～20 cm	4.23 ± 0.76^a	29.53 ± 8.73^a	31.05 ± 4.76^a	0.86 ± 0.04^a	11.73 ± 5.26^a
	20～40 cm	2.91 ± 0.52^a	14.96 ± 7.67^b	6.48 ± 1.79^b	0.39 ± 0.14^{bc}	4.02 ± 1.43^a
	40～60 cm	2.42 ± 0.43^b	9.67 ± 2.51^b	4.56 ± 1.26^c	0.31 ± 0.11^a	3.14 ± 0.34^c
	平均值	3.18 ± 0.57^b	18.16 ± 4.91^c	14.03 ± 7.81^a	0.56 ± 0.09^a	6.70 ± 2.03^c
马尾松林	0～20 cm	5.73 ± 1.02^a	8.25 ± 1.12^a	11.80 ± 3.24^a	0.57 ± 0.20^a	5.87 ± 0.65^a
	20～40 cm	3.92 ± 0.68^b	4.96 ± 0.67^b	6.48 ± 1.79^b	0.39 ± 0.08^a	4.02 ± 0.43^b
	40～60 cm	3.18 ± 0.55^b	3.67 ± 0.51^c	4.56 ± 1.26^{ab}	0.31 ± 0.12^{bc}	3.14 ± 0.34^c
	平均值	4.27 ± 0.75^{bc}	5.62 ± 0.76^{ab}	7.37 ± 2.09^a	0.42 ± 0.15^a	4.34 ± 0.47^a
常绿阔叶林	0～20 cm	4.97 ± 1.68^a	11.47 ± 4.29^a	20.01 ± 2.41^a	0.62 ± 0.23^a	11.01 ± 2.20^a
	20～40 cm	3.41 ± 0.47^b	6.91 ± 2.38^a	10.9 ± 1.27^b	0.41 ± 0.07^b	7.38 ± 1.57^c
	40～60 cm	2.72 ± 0.37^b	5.11 ± 1.04^b	7.51 ± 0.89^{bc}	1.78 ± 0.92^c	5.85 ± 1.30^b
	平均值	3.46 ± 0.50^a	7.85 ± 1.57^a	12.80 ± 4.52^a	0.93 ± 0.45^b	8.08 ± 1.69^c
常绿-落叶阔叶混交林	0～20 cm	5.28 ± 0.33^a	10.25 ± 2.21^{ab}	25.09 ± 8.69^a	0.53 ± 0.19^a	9.87 ± 3.21^a
	20～40 cm	3.65 ± 0.22^{bc}	6.11 ± 1.33^a	13.78 ± 5.93^b	0.94 ± 0.12^{ac}	6.80 ± 1.16^{ab}
	40～60 cm	3.04 ± 0.17^a	4.53 ± 1.03^{ab}	9.50 ± 2.64^c	0.74 ± 0.23^{ab}	5.44 ± 0.87^c
	平均值	3.93 ± 1.24^a	9.58 ± 1.52^c	15.97 ± 6.08^c	0.73 ± 0.25^c	7.37 ± 3.18^c
落叶阔叶林	0～20 cm	4.89 ± 1.35^a	9.13 ± 1.03^a	22.03 ± 2.13^a	0.69 ± 0.21^a	10.03 ± 1.96^a
	20～40 cm	3.37 ± 0.84^a	5.53 ± 0.62^b	12.17 ± 5.17^c	0.45 ± 0.05^b	6.62 ± 0.14^c
	40～60 cm	2.78 ± 0.27^b	4.12 ± 0.46^c	8.33 ± 2.80^a	0.35 ± 0.17^{ab}	5.25 ± 0.11^a
	平均值	3.41 ± 0.78^a	6.22 ± 2.11^a	14.17 ± 5.36^b	0.49 ± 0.24^a	7.30 ± 2.31^a

（续表）

森林类型		酶类别				
		纤维素酶 /(mg·g⁻¹)	脲酶 /(mg·kg⁻¹)	过氧化氢酶 /(mL·g⁻¹)	多酚氧化酶 /(mg·g⁻¹)	酸性磷酸酶 /(mg·g⁻¹)
针阔 混交林	0~20 cm	5.19±1.34ᵃ	4.56±0.89ᵃ	13.98±2.04ᵃ	0.46±0.18ᵃ	9.23±1.22ᵃ
	20~40 cm	3.53±0.24ᵃ	2.71±0.10ᶜ	7.68±1.54ᵃ	0.31±0.12ᵃ	6.32±2.15ᶜ
	40~60 cm	2.82±0.19ᶜ	2.05±0.08ᶜ	5.40±0.37ᵇ	0.24±0.07ᵃ	5.05±0.12ᵃ
	平均值	3.84±0.26ᵃ	3.63±0.13ᵃ	13.68±4.98ᶜ	0.33±0.14ᵃ	6.86±1.16ᵃ
竹林	0~20 cm	6.35±0.81ᵃ	7.98±1.75ᵃ	19.16±7.24ᵃ	0.70±0.12ᵃ	14.76±3.38ᵃ
	20~40 cm	4.12±1.54ᵃ	4.69±0.44ᵃ	10.71±2.68ᵃ	0.47±0.08ᵇ	10.17±4.31ᵃ
	40~60 cm	3.26±0.43ᵇ	3.47±0.32ᶜ	7.33±1.46ᶜ	0.38±0.06ᶜ	8.26±1.84ᵃ
	平均值	4.57±0.59ᵃ	5.38±1.50ᶜ	12.35±5.79ᵃ	0.51±0.27ᵃ	11.06±2.51ᵃ
黄山 松林	0~20 cm	5.91±2.93ᵃ	8.19±3.01ᵃ	10.69±3.15ᶜ	0.55±0.28ᵃ	5.35±1.82ᵃ
	20~40 cm	4.22±0.13ᵇ	4.76±0.56ᵃ	5.84±1.71ᵃ	0.38±0.10ᵇ	3.67±0.37ᵇ
	40~60 cm	3.29±1.48ᶜ	0.74±0.42ᵇ	4.13±0.98ᵃ	0.30±0.06ᵃ	2.98±0.71ᵃ
	平均值	4.23±0.51ᵃ	4.56±1.66ᵃ	6.88±2.02ᶜ	0.41±0.18ᵃ	3.96±1.40ᵇ

5.2　不同森林类型土壤微生物量的变化特征

　　土壤微生物对土壤中有机质的分解转化有着重要的作用，土壤微生物量在土壤中的绝对占有量虽不大，但对土壤质量（健康）的评价具有重要影响。本研究土壤微生物量主要包括 MBC、MBN、MBP，影响森林土壤微生物量的因素主要有环境条件、森林植被类型及植物生长方式等。

5.2.1 MBC 变化特征

MBC 是土壤中易于利用的养分库及有机物分解的动力，与土壤养分循环密切相关，它不仅是土壤有机质中活性较高的部分，也是土壤养分的重要来源。森林植被类型不同，植物残体与根系残留物、分泌物在土壤中的积累也不同，所以其微生物所得到的碳源数量不同，使得 MBC 在不同森林植被类型下表现出较大差异。庐山不同森林植被类型 3 个土层 MBC 平均值见图 5-1，不同森林植被类型 3 个土层 MBC 的变化特征见图 5-2。

从图 5-1 中可以看出，常绿阔叶林下 3 个土层的 MBC 平均值最高，灌丛最低，不同森林植被类型 MBC 大小排序为：常绿阔叶林＞常绿-落叶阔叶混交林＞落叶阔叶林＞竹林＞马尾松林＞黄山松林＞针阔混交林＞灌丛。从图 5-2 中表明随着土层加深，20～40 cm 较上一层 0～20 cm 土壤 MBC 显著下降，而 40～60 cm 较 20～40 cm 虽有下降但下降不显著。

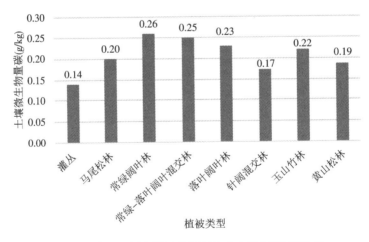

图 5-1 庐山不同森林植被类型 3 个土层 MBC 平均值

MBC/SOC 为土壤的微生物商，可以反映土壤碳平衡的状况。MBC 活性与土壤肥力密切联系，森林 MBC/SOC 比例越高，则其土壤肥力越高。一般认为森林植被 MBC/SOC 的比例范围为 1%～4%。检测庐山不同森林土壤质量，由

SPSS19.0 软件结果显示，不同森林植被类型 MBC/SOC 为 2.57%～4.18%，其平均值为 3.26%，说明庐山山体森林土壤质量（土壤肥力）处于较高水平。

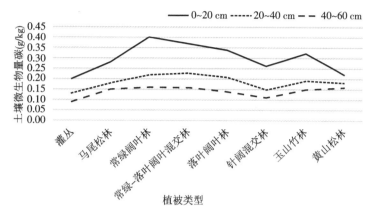

图 5-2　庐山不同森林植被类型 3 个土层 MBC 的变化特征

5.2.2　MBN 变化特征

氮素是影响植物生长的主要限制因子，在森林生态系统中，植被生长所需的氮素大体都来自于 MBN 参与下形成土壤有机氮的矿化产物。由于 MBN 的转化率比土壤有机氮快 5 倍多，因此 MBN 是大部分土壤矿化氮的主要来源，是土壤氮素的一个源与储备库。森林植被类型不同导致其林下 MBN 含量有显著差异。庐山不同森林植被类型 3 个土层 MBN 平均值见图 5-3，不同森林植被类型 3 个土层 MBN 的变化特征见图 5-4。

从图 5-3 中可知，常绿阔叶林及常绿-落叶阔叶混交林下 MBN 明显高于其他森林植被类型，灌丛最小。不同森林植被类型 MBN 从大到小排序为：常绿阔叶林＞常绿-落叶阔叶混交林＞竹林＞马尾松林＞落叶阔叶林＞针阔混交林＞黄山松林＞灌丛。由图 5-4 表明，随着土层加深，20～40 cm 较表土层（0～20 cm）MBN 显著下降，而 40～60 cm 较 20～40 cm 虽有下降，但下降不显著。

MBN 虽然占全氮（TN）的比例很小（2%～6%），但是其周转速度较快，对植物的有效性较高。MBN/TN 比值越高，说明植物对氮素的利用水平越高，生物活性越高。由 SPSS19.0 软件结果显示，庐山森林 MBN/TN 范围在 3.13％～5.85％，其平均值为 4.03％，即 BMN/TN 平均比值处于较高水平，说明庐山山体的生物活性较高。

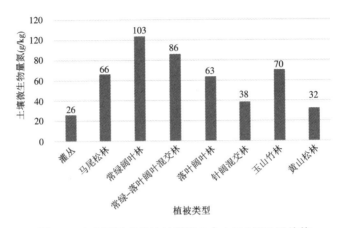

图 5-3 庐山不同森林植被类型 3 个土层 MBN 平均值

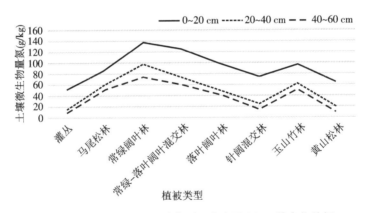

图 5-4 庐山不同森林植被类型 3 个土层 MBN 的变化特征

5.2.3 MBP 变化特征

磷是微生物细胞成分的组成元素之一，也是微生物必需的营养元素。MBP 是植物有效磷的重要来源。土壤中所有活体微生物所含有的磷，MBP 占土壤全磷（TP）的比例只有 1％～3％，但它在土壤中的周转速度比 MBC 要快 1/2。

在森林土壤中，MBP 是土壤有机磷中最活跃的一部分，而其他有机磷则比较稳定。庐山不同森林植被类型 3 个土层 MBP 平均值见图 5-5，不同森林植被类型 3 个土层 MBP 的变化特征见图 5-6。

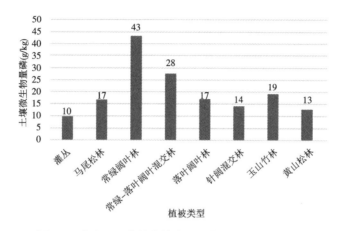

图 5-5　庐山不同森林植被类型 3 个土层 MBP 平均值

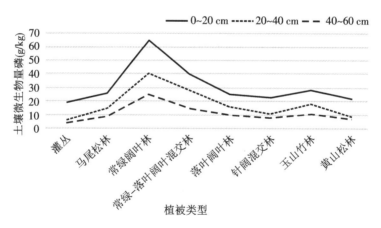

图 5-6　庐山不同森林植被类型 3 个土层 MBP 的变化特征

由图 5-5 可知，常绿阔叶林下 MBP 显著高于其他森林植被类型，不同森林植被类型 MBP 的大小排序为：常绿阔叶林＞常绿-落叶阔叶混交林＞竹林＞落叶阔叶林＞马尾松林＞针阔混交林＞黄山松林＞灌丛。由图 5-6 表明，随着土层加深，其林下 MBP 也不断下降，且 20～40 cm 较上一层 0～20 cm 的 MBP 下降明显，特别是常绿阔叶林下表现最为明显；从 20～40 cm 下降至 40～60 cm

时，MBP 的差异不甚显著，并且灌丛、针阔混交林及黄山松林下这两个土层（20～40 cm、40～60 cm）的 MBP 差异最小。通过 SPSS19.0 软件对 MBP/TP 的比值分析，结果表明，庐山森林 MBP/TP 为 7.72%～24.42%，平均值为 19.86%，与 Smith、秦华等的研究结果相一致，都在 2.4%～23.3%的范围内。

5.3 不同森林类型生物多样性特征

5.3.1 不同森林类型物种多样性

庐山森林植被种类丰富，林下灌木层和草本层受人为影响较小，其格局主要为自然竞争的结果，可以充分反映出生境的差异。Margalef 丰富度指数 R 可以直接反映森林群落内物种的数量特征及在总量中的贡献，Shannon-Wiener 多样性指数 H 包含较多森林群落结构的信息，在一定程度上可以反映物种在森林结构中的作用和地位，物种多样性系数 $(R+H)/2$ 能够综合反映森林群落内物种信息的可靠性，可以作为评价森林生态环境质量及森林土壤健康的指标之一。第一章绪论中研究方法（1.7.2 测定及计算方法）有关 R、H 和 $(R+H)/2$ 的计算公式（1-9）、（1-10）和（1-11）：

Margalef 丰富度指数 R：

$$R = (S-1)/\ln N$$

Shannon-Wiener 多样性指数 H：

$$H = \sum P_i \ln P_i$$

物种多样性系数 $= (R+H)/2$

根据公式（1-9）、（1-10）和（1-11）可计算出庐山不同森林植被类型物种多样性各指标值见表 5-2。由表 5-2 可知，8 种森林植被类型下灌木层 $(R+H)/2$

大小排序为：常绿-落叶阔叶混交林＞针阔混交林＞灌丛＞常绿阔叶林＞竹林＞落叶阔叶林＞马尾松林＞黄山松林；草本层 $(R+H)/2$ 大小排序为：针阔混交林＞灌丛＞常绿阔叶林＞马尾松林＞落叶阔叶林＞黄山松林＞常绿-落叶阔叶混交林＞竹林。

表 5-2　庐山不同森林植被类型物种多样性指标（平均值±标准差）

森林植被类型	灌木层			草本层		
	R	H	$(R+H)/2$	R	H	$(R+H)/2$
常绿阔叶林	2.25 ± 0.76^a	2.38 ± 0.71^b	2.32 ± 0.58^a	3.03 ± 0.74^a	2.69 ± 0.68^b	2.86 ± 0.94^a
常绿-落叶阔叶混交林	2.42 ± 0.81^b	2.61 ± 0.56^a	2.51 ± 0.72^c	1.52 ± 0.31^b	1.04 ± 0.26^a	1.28 ± 0.49^b
落叶阔叶林	1.38 ± 0.34^a	1.53 ± 0.33^a	1.46 ± 0.38^b	2.36 ± 0.88^b	1.85 ± 0.57^a	2.11 ± 0.61^a
马尾松林	1.16 ± 0.63^b	1.27 ± 0.24^a	1.22 ± 0.26^b	2.67 ± 0.51^a	1.96 ± 0.71^b	2.32 ± 0.29^b
黄山松林	0.78 ± 0.15^c	0.86 ± 0.14^c	0.82 ± 0.04^a	1.85 ± 0.42^b	1.12 ± 0.36^a	1.49 ± 0.31^b
针阔混交林	2.29 ± 0.46^b	2.52 ± 0.95^b	2.41 ± 0.82^b	3.44 ± 0.89^b	2.91 ± 0.84^b	3.18 ± 0.70^a
竹林	1.47 ± 0.27^b	1.59 ± 0.39^c	1.53 ± 0.45^a	1.41 ± 0.23^c	0.93 ± 0.12^a	1.17 ± 0.53^b
灌丛	2.31 ± 0.92^a	2.45 ± 0.61^a	2.38 ± 0.78^b	3.39 ± 0.73^b	2.78 ± 0.55^c	3.09 ± 0.85^a

由 SPSS19.0 软件结果显示，8 种森林植被类型下灌木层 R 的平均值为1.76，草本层 R 的平均值为 2.46，程度均属中度变异，但其灌木层的变异程度大于草本层；灌木层 H 的平均值为 1.90，草本层 H 的平均值为 1.91，两者相差不大，但两者的 $(R+H)/2$ 相差较大；草本层的变化幅度大于灌木层。除常绿-落叶阔叶混交林和竹林外，其他 6 种森林植被类型下灌木层的 $(R+H)/2$ 低于草本层。

5.3.2　不同森林类型土壤微生物群落功能多样性

群落中物种数量及分布均匀度是群落中物种多样性的两个决定性因素，通常用 Shannon 指数和 Simpson 指数来衡量土壤微生物群落功能的多样性。

Shannon 指数综合群落物种的均匀度和丰富度，Biolog Eco 板中被利用的碳源越多、利用强度越大，则 Shannon 指数越大；Simpson 指数表示微生物群落中最常见的物种，常见物种越多，Simpson 指数越大。

不同森林植被类型土壤微生物群落功能多样性指数见表 5-3。由表 5-3 可知，在 3 个土层内，竹林、马尾松林、常绿阔叶林和常绿-落叶阔叶混交林下 Shannon 指数差异不大，均大于针阔混交林、落叶阔叶林和黄山松林，并且落叶阔叶林＞针阔混交林＞黄山松林，即灌丛下 Shannnon 指数最大，黄山松林最小；随着土层的加深，Shannon 指数逐渐下降。Simpson 指数在不同森林植被类型下差异不大，除表层（0～20 cm）针阔混交林最小，灌丛最大，以及黄山松林下在 20～40 cm 及 40～60 cm 土层最小外，其他森林植被类型和土层间并无明显差异（$p<0.05$），说明群落中最常见的优势物种总体变化不大。但是值得注意的是黄山松林在 20～40 cm 层常见物种有显著下降的趋势，结合黄山松林在 0～40 cm 层物种丰富度显著降低的现象，说明黄山松林下土壤微生物群落丰富度在降低，优势物种在减少。

表 5-3 庐山不同森林植被类型土壤微生物群落功能多样性指数

森林植被类型	Shannon 指数			Simpson 指数		
	0～20 cm	20～40 cm	40～60 cm	0～20 cm	20～40 cm	40～60 cm
灌丛	3.0710	2.9092	2.8172	0.9482	0.9365	0.9251
马尾松林	2.9698	2.8659	2.8643	0.9390	0.9305	0.9201
常绿阔叶林	2.9017	2.8912	2.8719	0.9192	0.9325	0.9215
常绿-落叶阔叶混交林	2.9011	2.8937	2.8611	0.9226	0.9225	0.9213
落叶阔叶林	2.8786	2.8322	2.8213	0.9325	0.9207	0.9106
针阔混交林	2.8733	2.8273	2.8123	0.8992	0.9286	0.9175
竹林	2.9161	2.8777	2.8456	0.9349	0.9306	0.9205
黄山松林	2.7540	2.7446	2.7385	0.9205	0.8998	0.8897

5.4　本章小结

（1）庐山不同森林植被类型土壤 5 种酶活性呈现差异性，具体表现为：竹林下纤维素酶活性最高，灌丛最低，这与林地下凋落物所含木质素密切相关；灌丛下脲酶活性最高，针阔混交林最低，说明灌丛下土壤有机氮的转化过程明显快于针阔混交林；常绿-落叶阔叶混交林下过氧化氢酶活性最高，黄山松林最低，这与不同森林植被类型下凋落物分解速度快慢及其林下土壤解除呼吸过程中产生的过氧化氢多少有关；常绿阔叶林下多酚氧化酶活性最高，针阔混交林最低，说明常绿阔叶林下土壤的腐殖化程度最高；不同森林植被类型酸性磷酸酶活性大小排序为：竹林＞常绿阔叶林＞常绿-落叶阔叶混交林＞落叶阔叶林＞针阔混交林＞灌丛＞马尾松林＞黄山松林；随着林下土层加深，土壤酶活性下降，且表层（0～20 cm）至 20～40 cm 的土壤酶活性都急剧下降，20～40 cm 与 40～60 cm 土层酶活性差异不明显。

（2）MBC、MBN、MBP 在不同森林植被类型下呈现不同的差异，常绿阔叶林和常绿-落叶阔叶混交林下 MBC、MBN、MBP 的平均值均明显高于其他森林植被类型，灌丛最低；随着土层加深，MBC、MBN、MBP 也在下降，且 0～20 cm 与 20～40 cm 土层差异明显。MBC/SOC 为 2.57%～4.18%，平均值 3.26%，其林下土壤质量处于较高水平；MBN/TN 为 3.13%～5.85%，平均值为 4.03%，其林下土壤生物活性较高；MBP/TP 为 7.72%～24.42%，平均值为 19.86%，属正常范围。

（3）由庐山 8 种森林植被类型下灌木层 $(R+H)/2$ 比较可知，常绿-落叶阔叶混交林最大，黄山松林最小；草本层 $(R+H)/2$ 表现为针阔混交林最大，竹林最小；除常绿-落叶阔叶混交林和竹林外，其他 6 种森林植被类型下灌木层的 $(R+H)/2$ 低于草本层。由 8 种森林植被类型土壤微生物群落功能多样性比较可知，落叶阔叶林、针阔混交林和黄山松林下 Shannon 指数较小，说明该林下土壤群落物种的均匀度和丰富度不及其他植被类型下的高；Simpson 指数在 8 种森林植被类型中，除表层（0～20 cm）针阔混交林最小，灌丛最大，黄山松林下在 20～40 cm 及 40～60 cm 土层最小外，其他森林植被类型和土层间并无明显差异，说明该群落中最常见的优势物种总体变化不大。另外，黄山松林在0～40 cm 土层物种丰富度显著降低，表明该林下土壤微生物群落丰富度在降低，优势物种在减少。

第6章

庐山森林土壤健康评价

　　森林土壤健康是土壤中退化性过程和保持性过程的最终平衡结果，综合了土壤的多重功能。因此，森林土壤健康评价指标体系应从土壤系统组分、结构、特性、功能及时空等方面加以综合考虑。到目前为止，对于森林土壤健康尚无一个明确的界定，结合森林土壤的作用及森林的服务功能，将森林土壤健康定义为森林土壤促进森林植被生产和维护森林生态系统功能的能力。研究森林土壤健康状况，对维持森林健康、促进森林更新具有重要意义。国外对土壤健康的研究大多限于农业耕作土壤，国内对森林土壤健康的研究不多，对森林土壤健康评价指标的研究还处于初步探索阶段。以庐山亚热带典型性森林土壤为例，将土壤健康概念与土壤质量交叉使用，在系统分析8种森林植被类型土壤特性的基础上，选择恰当的土壤健康评价指标体系，应用合适的SSF，将测得的指标值转换为对应指标的分值，并基于SPSS19.0

软件确定各项指标的权重；通过加权综合法，计算其 FSHI，对不同森林植被类型土壤健康状况进行评价。以期为当地森林土壤健康管理及山地土壤质量监测指标体系的确立提供科学参考。

6.1　土壤健康评价指标及其权重的确定

土壤健康评价指标不仅具有通用性、可操作性、代表性、可重复性和灵敏性，而且还有指标的阈值和适宜范围，各指标特征值可量化为数据。针对庐山亚热带森林功能的定位及目前已掌握该地区的有效土壤信息，按照评价指标建立的针对性、整体性、区域性和敏感性原则，健康评价指标分别从不同的土壤特性及物种多样性指标中进行筛选。依据森林土壤特性和土壤功能，通过层次分析方法（层次结构法）分别构建植物生长潜力（vegetation growth capacity，VGC）、水分有效性（water availability，WA）、养分有效性（nutrient availability，NA）及根系适宜性（root suitability，RS）4 个土壤功能的指标。具体构建庐山森林土壤健康评价体系见图 6-1。

土壤功能特性指标的选择依据：（1）VGC 指标的选择采用灌木层和草本层的（$R+H$）/2 及凋落物层厚度 3 个指标。从森林健康经营角度来看，一般认为物种多样性越丰富，越有利于森林生态系统的稳定，因此，在森林土壤健康评价中，选取 Margalef 丰富度指数 R 和 Shannon-Wiener 多样性指数 H 来表示灌木层和草本层的（$R+H$）/2；凋落物层厚度和物种多样性系数作为反映植物生长潜力的指标，目的是为了将森林与土壤有机地结合起来。（2）WA 指标的选择采用凋落物层厚度、腐殖质层厚度、土层厚度及容重 4 个指标。凋落物层具有截留降水、延缓地表径流的重要作用；腐殖质层含有大量有机物质，且疏松多孔，对保持土壤水分具有明显的作用；土层厚度和土壤容重是反映容纳水分数量的空间指标，土层越厚、容重越小，越有利于水分的保持。（3）NA 指标的选择采用有机质含量、pH、全氮、水解氮、CEC、有效磷、速效钾及磷酸酶活性 8 个指标。依据土壤养分的有效性，主要集中在土壤 pH、有机质含量、CEC 及氮、磷、钾等；在土壤氮素研究中，目前测定有效性指标的方法还不完善，因此，同时选择了全氮和水解氮指标；土壤有效磷的来源复杂，且在土壤磷的运移过程中易固定，从而影响植物吸收的特点，选择了土壤有效磷及磷酸酶活性 2 项指标。（4）RS 指标的选择采用容重、土层厚度、有机质含量及黏粒含量 4 个指标。考虑影响根系生长障碍性及养分的供应等因素，容重和土层厚度主要影响植物根系生长；有机质含量和黏粒含量主要决定森林土壤养分的供应。从图 6-1 中不同因子层各指标（土壤特性及物种多样性指标）来看，除 pH 的空间变异系数属低度外，其余均属中度水平（由 SPSS19.0 软件分析），可以反映不同森林植被类型及土壤特性的变化。

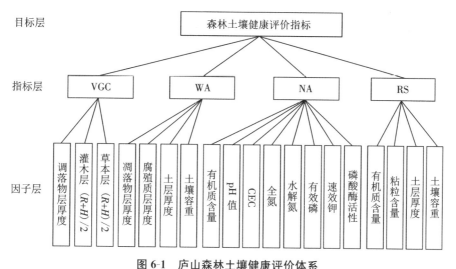

图 6-1　庐山森林土壤健康评价体系

同指标的选择一样，评价指标权重的确定也是土壤健康综合评价中的一个关键问题。评价指标权重就是各指标对土壤健康影响程度或贡献的大小，权重越大，表明对土壤健康的重要性就越大。目前常用的权重确定方法是因子分析法，它借助于 SPSS19.0 软件，直接寻找对观察结果起支配作用的潜在因子（潜变量），评判结果准确性高。根据耿玉清等人的研究成果、森林土壤特性、土壤功能及林业生产经验的总结，借助于 SPSS19.0 软件确定各功能权重与对应的评价指标权重值见表 6-1。由表 6-1 可知，就 4 个土壤功能的指标权重比较，其 WA 指标权重最大（0.40），依据庐山森林土壤功能及土壤特性各指标的空间变异范围，结合地上森林植被的生长状况，可知水分条件是影响当地森林植被生长的主要限制因子。

表 6-1　森林土壤健康评价体系中的土壤功能权重与指标权重

土壤功能	功能权重	评价指标	指标权重
VGC	0.15	凋落物层厚度	0.45
		灌木层（R+H）/2	0.35
		草本层（R+H）/2	0.20
WA	0.40	凋落物层厚度	0.30
		腐殖质层厚度	0.25
		土壤容重	0.25
		土层厚度	0.20
NA	0.30	有机质含量	0.25
		磷酸酶活性	0.15
		全氮	0.15
		有效磷	0.15
		水解氮	0.10
		CEC	0.10
		速效钾	0.05
		pH	0.05
RS	0.15	土层厚度	0.30
		土壤容重	0.25
		黏粒含量	0.25
		有机质含量	0.20

6.2　评价指标数值的标准化处理

　　由于不同评价指标对森林土壤健康状况的贡献程度不同，各指标值的计算方法也不同，造成各评价指标量纲的差异。因此，即使各评价指标都定量化了，也不能进行直接计算，需对各评价指标数值进行标准化（隶属度）处理，即转换为对应指标的分值。土壤健康评分函数（SSF）又称隶属度函数，可将数字的或主观的指标转化为变幅在 0～1 之间无量纲的数值。目前土壤健康评价指标数值的标准化一般采用 3 类标准评分方程，图 6-2 是 3 个标准评分函数的模式类型。

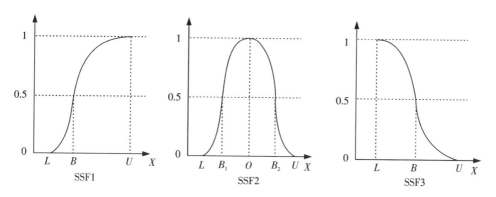

图 6-2　土壤健康评分函数的模式类型

　　SSF1 为戒上型函数，越多越好，计算公式（6-1）为：

$$f(x) = \begin{cases} 1.0 & X \geqslant U \\ 0.1 + 0.9(X-L)(U-L) & L < X < U \\ 0.1 & X \leqslant L \end{cases} \qquad (6-1)$$

　　SSF2 为梯形函数，又称抛物线函数，指标值有最适合的范围，计算公式（6-2）为：

$$f(x) = \begin{cases} 0.1 & X \leqslant L,\ X \geqslant U \\ 1.0 + 0.9\ (X-L)\ (B_1-L) & L < X < B_1 \\ 1.0 & B_1 \leqslant X \leqslant B_2 \\ 1.0 - 0.9\ (X-B_2)\ (U-B_2) & B_2 < X < U \end{cases} \tag{6-2}$$

SSF3 为戒下型函数，越少越好，计算公式（6-3）为：

$$f(x) = \begin{cases} 0.1 & X \geqslant U \\ 1.0 + 0.9\ (X-L)\ (U-L) & L < X < U \\ 1.0 & X \leqslant L \end{cases} \tag{6-3}$$

以上公式（6-1）、（6-2）和（6-3）中：X—各指标测定值，U—上限，L—下限，B_1—较低基准值，B_2—较高基准值，O—最适值。

隶属度函数实际是所要评价的土壤健康指标与植物生长效应曲线（S 型曲线或直线）之间关系的数学表达式，根据前人的研究成果、森林土壤功能特性及林业生产经验的总结，灌木层（$R+H$）/2、草本层（$R+H$）/2、腐殖质层厚度、土层厚度、有机质含量、CEC、全氮、水解氮、有效磷、磷酸酶活性、速效钾均采用戒上型函数（SSF1）；凋落物层厚度、pH 和黏粒含量指标采用梯形函数（SSF2）；而容重采用戒下型函数（SSF3）。依据庐山森林土壤特性各指标的空间变异范围，结合当地森林植被的生长状况，对各指标的阈值进行定量规定。为克服不同森林植被类型土壤容重之间的差异，对有机质含量、黏粒含量、水解氮及有效磷等指标，采用了深土层（>60 cm）的质量计算。庐山森林土壤健康评价指标的阈值及标准评分函数类型见表 6-2。

表 6-2　森林土壤健康评价指标的阈值及标准评分函数类型

评价指标	评分函数类型	上限 U	下限 L	较低基准值 B_1	较高基准值 B_2
凋落物层厚度/cm	SSF2	8	2		
灌木层（$R+H$）/2	SSF1	3.5	0.3		
草本层（$R+H$）/2	SSF1	4.0	0.5		
腐殖质层厚度/cm	SSF1	15	1		
土层厚度/cm	SSF1	100	10		

（续表）

评价指标	评分函数类型	上限 U	下限 L	较低基准值 B_1	较高基准值 B_2
土壤容重/（g·cm^{-3}）	SSF3	1.5	0.5		
黏粒含量/（mg·ha^{-2}）	SSF2	1500	50	100	1000
有机质含量/（g·kg^{-1}）	SSF1	200	20		
pH/H$_2$O	SSF2	7.5	3.5	4.5	6.5
CEC/（cmol·kg^{-1}）	SSF1	30	5		
全氮/（g·kg^{-1}）	SSF1	20	2		
水解氮/（mg·kg^{-1}）	SSF1	100	20		
有效磷/（mg·kg^{-1}）	SSF1	100	20		
速效钾/（mg·kg^{-1}）	SSF1	100	20		
磷酸酶活性/（mg·g^{-1}）	SSF1	25	2		

6.3　不同森林植被类型 FSHI 评价

对土壤健康状况评价采用定量化的 FSHI，在确定了每项指标及不同土壤功能指标权重的基础上，运用合适的 SSF，将测得的各项指标值转换为对应指标的分值，最后通过加权综合法建立 FSHI。参考土壤质量指数的计算方法及第一章绪论中研究方法（1.7.2 测定及计算方法）有关森林 FSHI 的计算公式（1-12）：

$$\text{FSHI} = \sum_{i=1}^{n} (K_i)A_i \quad (i = 1, 2, \cdots, n)$$

对森林土壤健康状况的评价，采用定量化的森林 FSHI，其中森林土壤各项功能指数及最终的 FSHI 计算公式分别为（6-4）、（6-5）、（6-6）、（6-7）和（6-8）：

$$VGC=0.45\times凋落物层厚度+$$

$$0.35\times灌木层（R+H）/2+0.20\times草本层（R+H）/2 \qquad (6\text{-}4)$$

$$WA=0.30\times凋落物层厚度+$$

$$0.25\times腐殖质层厚度+0.20\times土层厚度+0.25\times容重 \qquad (6\text{-}5)$$

$$NA=0.25\times有机质含量+0.05\times pH+0.10\times CEC+$$

$$0.15\times全氮+0.10\times水解氮+0.15\times有效磷+$$

$$0.15\times磷酸酶活性+0.05\times速效钾 \qquad (6\text{-}6)$$

$$RS=0.30\times土层厚度+0.25\times容重+$$

$$0.25\times颗粒含量+0.20\times有机质含量 \qquad (6\text{-}7)$$

$$FSHI=0.15\times VGC+0.40\times WA+0.30\times NA+0.15\times RS \qquad (6\text{-}8)$$

以上公式（6-4）、（6-5）、（6-6）、（6-7）和（6-8）中：VGC—植物生长潜力指数，WA—水分有效性指数，NA—养分有效性指数，RS—根系适宜性指数，FSHI—森林土壤健康指数。依据不同森林植被类型土壤特性各项指标值（各测定指标值见第三、四、五章的相关数据），运用合适的 SSF 进行标准化处理，将各项指标值转换为对应指标的分值，经加权计算得到 8 种森林植被类型不同土壤功能指数及 FSHI 数值见表 6-3。

表 6-3　庐山 8 种森林植被类型不同土壤功能指数及 FSHI 数值

森林植被类型	VGC	WA	NA	RS	FSHI
常绿阔叶林	0.56	0.59	0.75	0.64	0.67
常绿-落叶阔叶混交林	0.79	0.68	0.71	0.73	0.72
落叶阔叶林	0.58	0.67	0.78	0.51	0.64
马尾松林	0.50	0.55	0.52	0.56	0.53
黄山松林	0.44	0.52	0.48	0.54	0.46
针阔混交林	0.71	0.81	0.74	0.70	0.78
竹林	0.52	0.61	0.54	0.68	0.59
灌丛	0.64	0.70	0.72	0.57	0.69

从不同森林植被类型 VGC 功能指数来看，常绿-落叶阔叶混交林下 VGC

值（0.79）最高，这与该林分下有较厚的凋落物层有关；就 WA 功能指数而言，黄山松林下 WA 值（0.52）最低，这与该林分下凋落物层和土层厚度较薄有关；从 NA 功能指数来看，马尾松林、黄山松林和竹林下 NA 值较低，而阔叶林（包括常绿阔叶林、常绿-落叶阔叶混交林、落叶阔叶林）和针阔混交林下 NA 值较高，这是由于阔叶林下土壤有机质、全氮、水解氮、有效磷、速效钾和 CEC 含量较高，表明该林地中阔叶林的存在有利于土壤养分功能的发挥；从 RS 功能指数来看，落叶阔叶林和黄山松林下 RS 值较低，这与该林分下土层厚度有关。

结合庐山的实际，从表 6-3 中比较可知 8 种森林植被类型最终的 FSHI 大小排序为：针阔混交林（0.78）＞常绿-落叶阔叶混交林（0.72）＞灌丛（0.69）＞常绿阔叶林（0.67）＞落叶阔叶林（0.64）＞竹林（0.59）＞马尾松林（0.53）＞黄山松林（0.46）。研究结果表明，混交林（包括针阔混交林和常绿-落叶阔叶混交林）对土壤的作用效果优于针叶纯林，天然次生林下土壤健康状况好于人工林。这与耿玉清（2006）、任丽娜（2012）和陈春林等（2012）的研究结果基本上是一致的。因此，采取有效的山地营林管理措施，即营造针阔混交林更有利于森林土壤健康水平的提高。

6.4　本章小结

研究结论如下：

（1）在系统调查和分析庐山 8 种森林植被类型土壤特性的基础上，评价指标分别从物种多样性及不同的森林土壤特性中进行筛选，选择灌木层 $(R+H)/2$、草本层 $(R+H)/2$、凋落物层厚度、腐殖质层厚度、土层厚度、容重、黏粒含量、有机质含量、pH、CEC、全氮及水解氮、有效磷、速效钾和磷酸酶活性等指标，运用 SPSS19.0 软件对所获得数据进行相关性分析和差异性检验，确定各项指标的权重，应用合适的 SSF，将测得的指标值转换为对应指标的分值，最后通过加权综合法，计算其 FSHI，并对不同森林植被类型土壤健康状况进行评价。

（2）8 种森林植被类型 FSHI 大小排序为：针阔混交林（0.78）＞常绿-落叶阔叶混交林（0.72）＞灌丛（0.69）＞常绿阔叶林（0.67）＞落叶阔叶林（0.64）＞竹林（0.59）＞马尾松林（0.53）＞黄山松林（0.46）。说明天然次生林下土壤健康状况好于人工林，针阔混交林下土壤健康状况优于针叶纯林，这一研究结果符合一般的森林土壤健康规律。

第7章

庐山森林土壤有机碳库特征

　　森林土壤碳库是陆地碳库的重要组成部分，它的变化是导致大气碳库和全球气候变化的重要原因，在全球碳循环中发挥着重要的作用。森林 SOC 的分解和积累影响着土壤有机碳库的时空变化，直接或间接影响陆地生物碳库和全球碳平衡。由于受地形地貌、气候、植被覆盖类型及人类活动等多种因素的影响，加上森林 SOC 的空间异质性及时间变化的复杂性，会导致森林土壤碳储量及其变化的估算存在不确定性。因此，研究不同海拔典型森林土壤剖面 SOC 的动态变化过程，对揭示区域山地森林土壤碳循环规律具有重要意义。鉴于 SOC 空间分布格局在森林土壤碳汇功能研究方面的重要性，国内外学者为此展开了大量研究。目前国内对森林 SOC 的研究主要集中在碳储量、分布特征及影响因子等方面。在全球变暖趋势下，对于植被垂直分异明显的森林 SOC 的空间变异特征研究相对不足，且研究对象大多以人工林为主，对天然林分等的研究相对薄弱。选取庐山 8 种森林植被类型土壤为研究对象，对不同森林植被类型下 SOC 含量、SOC 密度的空间分异规律及 CPMI 进行系统研究，CPMI 能够反映土壤的碳库变化和碳库质量，揭示庐山森林土壤有机碳库特征。其研究结果可为山地森林植被类型土壤碳库的动态演变提供参考。

7.1 不同森林类型 SOC 空间分布特征

森林 SOC 含量主要受其森林凋落物及其根系分泌物的分解、转化和累积等过程的综合影响。不同森林植被类型土壤剖面平均 SOC 含量见表 7-1。由表 7-1 可知，不同森林植被类型平均 SOC 含量（0～60 cm）从小到大依次为：马尾松林＜常绿阔叶林＜灌丛＜针阔混交林＜常绿-落叶阔叶混交林＜黄山松林＜落叶阔叶林＜竹林，相比对照坡裸地均有大幅增加。其中，竹林和落叶阔叶林下土壤均在对照坡裸地 SOC 含量的两倍以上，SOC 含量最低的马尾松林地也为裸地的 1.5 倍左右。这是由于地上部分的森林植被类型在一定程度上决定了有机物质的输入量，不同森林植被类型的凋落释归量有所不同，从而影响到 SOC 含量的明显提高。

由各森林植被类型土壤不同土层的 SOC 含量对比来看（表 7-1），在 0～20 cm 土层，不同森林植被类型平均 SOC 含量有一定的差异，竹林下平均 SOC 含量最大（22.23 g·kg^{-1}），马尾松林最小（17.74 g·kg^{-1}），其他森林植被类型 SOC 含量居于两者之间；在 20～40 cm 土层，不同森林植被类型平均 SOC 含量与表层（0～20 cm）规律基本一致；在 40～60 cm 土层中，不同森林植被类型平均 SOC 含量差异不明显，这是由于随着土层深度的增加，进入土壤的 SOC 均出现大幅减少，至 40～60 cm 处时，SOC 含量均较低且差异不大。由 SPSS19.0 软件结果显示，不同森林植被类型不同土层的平均 SOC 含量变化幅度最大的是黄山松林，变幅最小的是马尾松林。

表 7-1　庐山不同森林植被类型土壤剖面平均 SOC 含量（g·kg^{-1}）（平均值±标准差）

土层深度/cm	8 种森林植被类型								
	常绿阔叶林	常-落混交林	落叶阔叶林	竹林	马尾松林	黄山松林	针阔混交林	灌丛	对照坡裸地
0~20	19.17±6.17[a]	20.01±6.60[ab]	21.81±7.19[a]	22.23±6.85[b]	17.74±5.56[a]	20.36±6.92[a]	19.34±6.23[a]	18.75±5.85[a]	11.07±6.43[b]
20~40	8.14±2.68[a]	10.58±3.62[a]	12.63±4.53[a]	13.16±4.35[a]	6.78±2.62[a]	11.82±4.86[a]	9.28±3.47[a]	8.15±4.52[a]	4.74±1.79[a]
40~60	2.37±0.75[a]	3.45±1.09[a]	3.84±0.18[b]	2.76±0.89[ab]	3.51±0.62[a]	2.21±0.56[ac]	2.97±0.43[bc]	3.47±0.24[a]	2.04±0.33[a]
0~60	9.93±3.53[b]	11.39±3.84[a]	12.90±4.21[a]	14.74±3.90[a]	9.72±3.10[a]	12.36±4.05[a]	10.87±3.81[a]	10.49±4.07[b]	5.95±2.76[a]

由此可见，不同森林植被类型下 SOC 大部分来自于地上的枯枝落叶及地下动植物残体，且大部分 SOC 积聚在 0～20 cm 表土层中，表层土壤成为 SOC 分布的主要区域，这跟耕地土壤（农业土壤）SOC 含量的空间分布有一定的相似之处。随着土层的不断加深，不同森林植被类型 SOC 含量急剧减少，而底层土壤的 SOC 含量受不同森林植被类型的影响不明显，这与罗歆等（2011）对缙云山不同的植被类型下 SOC 含量的研究结论一致。

总之，不同森林植被类型下 SOC 表聚现象明显，其 SOC 含量的变化幅度与土层深度有关。森林凋落物是进入表层 SOC 的重要来源，森林植被类型的不同是造成庐山森林 SOC 剖面分异的重要原因，加强地表凋落物的科学管理，对于保持和提高庐山森林土壤碳库的赋存能力具有重要意义。

7.2 不同森林类型 SOC 密度比较分析

森林 SOC 密度是评价土壤碳分布的又一重要指标，它受到地表植被凋落物的矿化分解、转化累积和土壤呼吸释放过程的综合影响。第一章绪论中研究方法（1.7.2 测定及计算方法）有关 SOC 密度的计算，不同森林植被类型土壤某一土层的 SOC 密度的计算公式（1-13）为：

$$SOC_i = C_i \times D_i \times E_i \times (1 - G_i)/100$$

如果某一土层由 n 层组成，那么该土层的 SOC 密度的计算公式（1-14）为：

$$SOC_i = \sum_{i=1}^{n} C_i \times D_i \times E_i \times (1 - G_i)/100$$

根据公式（1-13）和（1-14）分别计算得出庐山不同森林植被类型不同土层 SOC 密度见表 7-2。由表 7-2 可知，从 0～60 cm 土层来看，竹林下土壤的 SOC 密度最大，为 16.08 kg·m^{-2}，而黄山松林下土壤的 SOC 密度最小，仅为 8.18 kg·m^{-2}，大约为竹林 SOC 密度的一半。这与竹林下腐殖质层较厚，而黄山松林下土壤腐殖质层较薄，进而造成进入土壤的碳源差异较大有密切关系。其他森林植被类型土壤的 SOC 密度处于竹林和黄山松林之间。

　　Jobbagy（2002）研究指出，植物根系的分布直接影响土壤中 SOC 的垂直分布，因为大量死根的腐解归还为土壤提供了丰富的碳源；另一方面，大量的地表凋落物也是表层 SOC 重要的碳源物质。通过表 7-2 比较可知，在庐山各森林植被类型土壤（0～10 cm）中，灌丛下平均 SOC 密度最高，达到 6.32 kg·m^{-2}，马尾松林最低，为 4.81 kg·m^{-2}，两者相差 1.51 kg·m^{-2}；各森林植被类型表层土壤（0～20 cm）的 SOC 密度均为最大。相对于表层土壤，不同森林植被类型 20～40 cm 土层的平均 SOC 密度相差不大（变化幅度小），最高值（竹林）和最低值（常绿-落叶阔叶混交林）仅相差 0.75 kg·m^{-2}；在 40～60 cm 土层，竹林下平均 SOC 密度为最大，达到 7.69 kg·m^{-2}，常绿-落叶阔叶混交林最小，仅为 2.19 kg·m^{-2}。另外，在 0～40 cm 土层，不同森林植被类型平均 SOC 密度均随着土层深度的增加呈递减趋势，而有些森林土壤类型在 40～60 cm 土层的 SOC 密度并不符合这一规律，造成不同森林植被类型 SOC 密度的这种变化规律，与吴建国等（2004）研究的 SOC 密度随土层加深而变化的趋势取决于 SOC 含量和土壤容重随土层加深而变化的趋势结果相同。

　　就庐山森林土壤整体而言，由于林下枯枝落叶和腐殖质层较厚，加上庐山所处的湿润气候区，SOC 密度较高，具有较强的土壤固碳能力。不同森林植被类型土壤比较可知（表 7-2），马尾松和黄山松林下土壤，由于林下植被较差，枯枝落叶和腐殖质较少，且针叶林的针状凋落物表层的角质层物质腐烂和进入土壤较慢，造成马尾松和黄山松林 SOC 密度较低，其整体固碳能力较其他森林植被类型土壤的固碳能力弱。总之，不同海拔梯度上发育着不同森林植被类型，具有不同的树种组成和根际微环境，森林植被类型或树种组成直接影响着凋落物的产量和质量，影响着森林凋落物的分解输入。不同的森林植被类型可能具有不同的林下微气候环境和根际微环境，其林下微气候环境和根际微环境影响着土壤微生物活动，同时也具有不同的根分泌物的输入，影响着土壤本身呼吸作用的碳输出。已有研究表明，森林凋落物的分解输入和土壤本身呼吸作用的输出的大小，和二者的对比关系在很大程度上决定了土壤有机碳库的大小和赋存状态，进而造成不同森林植被类型之间 SOC 密度的较大差异。

表 7-2　庐山不同森林植被类型不同土层 SOC 密度（平均值±标准差）

森林植被类型	SOC 密度/(kg·m⁻²)				
	0~10 cm	10~20 cm	20~40 cm	40~60 cm	0~60 cm
常绿阔叶林	5.60±0.13[a]	4.02±0.72[a]	3.11±0.43[a]	4.12±1.09[a]	13.85±2.35[a]
常绿-落叶阔叶混交林	5.71±1.02[a]	3.79±0.64[a]	2.85±0.08[ab]	2.19±0.42[b]	14.45±1.09[a]
落叶阔叶林	4.92±0.25[a]	4.35±1.03[a]	3.46±0.61[a]	4.13±0.71[a]	12.66±3.14[b]
针阔混交林	5.30±0.84[a]	4.17±0.05[ab]	3.13±0.92[a]	6.25±2.31[a]	13.71±4.62[a]
黄山松林	5.57±0.36[a]	4.76±0.17[a]	3.05±0.39[a]	3.27±0.97[a]	8.18±2.37[a]
马尾松林	4.81±0.01[b]	3.63±0.46[a]	2.92±0.88[c]	2.91±0.55[ac]	9.38±3.93[a]
灌丛	6.32±0.97[a]	5.49±2.78[a]	3.51±1.04[a]	4.09±0.38[a]	12.84±4.28[a]
竹林	5.54±0.28[a]	4.58±0.11[b]	3.60±0.56[a]	7.69±3.81[a]	16.08±5.46[a]

7.3 不同森林类型土壤有机碳库大小及特征

鉴于土壤碳库组成的复杂性，要对其动态进行量度是非常困难的，通常采用 ASOC 来衡量土壤碳库的变化状况及指示土壤的综合活力水平。土壤腐殖质是有机质的稳定形态，对土壤物理特性影响较大，而 ASOC 则与土壤中养分循环及供应和微生物的活性关系密切。森林 TOC 含量取决于地上植被每年归还量和动植物残体分解速率，当植被的每年归还量增大或者是分解速率缓慢时，就会导致大量的 SOC 积聚在土壤中。由于不同森林植被类型下凋落物类组、数量及分解途径的不同，因而形成的森林土壤有机碳库大小和特征也存在着较大的差异。庐山不同森林植被类型土壤有机碳库大小及特征见表 7-3。

表 7-3 庐山不同森林植被类型土壤有机碳库大小及特征

森林植被类型	TOC/ （g·kg⁻¹）	ASOC/ （g·kg⁻¹）	ASOC/TOC/%
马尾松林	9.72	0.57	5.86
常绿阔叶林	9.93	0.48	4.83
常绿-落叶阔叶混交林	11.39	0.33	2.90
灌丛	10.49	0.39	3.72
竹林	14.74	0.51	3.46
落叶阔叶林	12.90	0.24	1.86
针阔混交林	10.87	0.42	3.86
黄山松林	12.36	0.26	2.10
对照坡裸地	5.95	0.28	4.71

注：采样土层深为 0～60 cm。

由表 7-3 可知，竹林下 TOC 含量最高（14.74 g·kg⁻¹），马尾松林下 TOC 含量最低（9.72 g·kg⁻¹）。这主要是由于竹类植物拥有庞大的地下鞭根系统，多分布在表层，随着大量根系死亡、腐烂，其林下土壤有机碳库会进一步得到补充，使得土壤表层的 TOC 含量不断增加。不同森林植被类型 ASOC 含量从小到大依次为：落叶阔叶林＜黄山松林＜常绿-落叶阔叶混交林＜灌丛＜针阔混交林＜常绿阔叶林＜竹林＜马尾松林。落叶阔叶林和黄山松林下 ASOC 含量较低，主要是因为这 2 种森林植被类型处于高海拔地带，海拔上升导致温度下降，不利于该林下土壤生物的生存，使 ASOC 释放速率显著降低；而马尾松林和竹林下 ASOC 含量高的原因是海拔低、温度高，该林下枯枝落叶层丰富，土壤微生物活性增强。总之，海拔可以综合体现其周围环境的变量，通过温度、水分等生态因子的变化影响着 SOC 的分解及转化，尤其对 ASOC 的影响最为明显。

ASOC/TOC（％）能够说明土壤碳的稳定性，比值越高，说明土壤中碳的活性越大，其稳定性也就越差。由表 7-3 可以得出，落叶阔叶林下 ASOC/TOC（％）最小（1.86），马尾松林下该数值最大（5.86）。这是由于落叶阔叶林分布在高海拔地区，林分长势较差，导致 ASOC 中的微生物量含量相对较低，该林下土壤碳比较稳定。另外，本研究中测得的 ASOC 含量与杨丽霞等（2006）研究结果相比明显偏低，这是由于采用的 $0.333\ mol\cdot L^{-1}$ 高锰酸钾氧化-比色法测定 ASOC 含量，与培养法测定在方法上存在差异；其次土壤样品在贮存和运输中会发生不同程度变化，在进行实验测试分析前已经有部分 SOC 发生分解。

7.4　不同森林类型 CPMI 评价

CPMI 是指样品 SOC 含量和参考 SOC 含量的比值乘以 SOC 的活度指数，它能直观反映出营林措施对土壤质量影响效果，该值变大说明土地营林措施可以维持和提高土壤质量，其数值变小则表明土壤肥力在下降，土壤质量在下降。由于 CPMI 包含了人为干扰下 AI 和 CPI 两个指标，故 CPMI 可以反映外界因素对 SOC 数量的影响，又可以反映 ASOC 的数量变化，进而更全面、动态化地反映外界因素对 SOC 的影响。CPMI 是表征土壤碳库变化的一个重要量化指标，能够反映土壤的碳库变化和碳库质量。选择对照坡裸地为参照土样，对不同森林植被类型 CPI、A、AI 和 CPMI 分别进行计算。第一章绪论中研究方法（1.7.2 测定及计算方法）有关森林 CPMI 评价的计算公式（1-15）、（1-16）、（1-17）和（1-18）：

$$CPI = 样品\ TOC\ 含量/参照土壤\ TOC\ 含量$$

$$A = ASOC\ 含量/（TOC-ASOC）含量$$

$$AI = 样品土壤\ A/参照土壤\ A$$

$$CPMI（\%）= CPI \cdot AI \cdot 100$$

根据公式（1-15）、（1-16）、（1-17）和（1-18）分别计算出不同森林植被类型和对照坡裸地土壤的 CPI、A、AI 和 CPMI 数值，参考土壤采用对照坡裸地测得相关数据及不同森林植被类型土壤相关碳库管理指数见表 7-4。

表 7-4　庐山不同森林植被类型土壤碳库大小及相关指数

森林植被类型	TOC / (g·kg^{-1})	ASOC / (g·kg^{-1})	TOC-ASOC / (g·kg^{-1})	CPI	A	AI	CPMI
马尾松林	9.72	0.57	9.15	1.63	0.062	1.265	206.20
常绿阔叶林	9.93	0.48	9.45	1.67	0.051	1.041	173.85
常绿-落叶阔叶混交林	11.39	0.33	11.06	1.91	0.030	0.612	116.89
灌丛	10.49	0.39	10.10	1.76	0.039	0.796	140.10
竹林	14.74	0.51	14.23	2.48	0.036	0.735	182.28
落叶阔叶林	12.90	0.24	12.66	2.17	0.019	0.388	84.20
针阔混交林	10.87	0.42	10.45	1.83	0.040	0.816	149.33
黄山松林	12.36	0.26	12.10	2.08	0.021	0.429	89.23
对照坡裸地	5.95	0.28	5.67	1.00	0.049	1.000	100.00

由表 7-4 可知，不同森林植被类型平均 ASOC 含量为 0.24～0.57 g·kg^{-1}，平均 TOC 含量为 9.72～14.74 g·kg^{-1}，CPI 为 1.63～2.48，A 为 0.019～0.062，AI 为 0.388～1.265；不同森林植被类型 CPMI 从小到大依次为：落叶阔叶林＜黄山松林＜常绿-落叶阔叶混交林＜灌丛＜针阔混交林＜常绿阔叶林＜

竹林<马尾松林。CPMI 除落叶阔叶林和黄山松林外，其余均高于对照坡裸地，这是因为落叶阔叶林和黄山松林分布的海拔较高，周围环境条件特别是温度条件影响了 SOC 的分解转化及 ASOC 的含量。结果表明，除落叶阔叶林和黄山松林之外的 6 种森林植被类型对庐山森林 CPMI 的提高均有不同程度的促进作用。可见，庐山大部分森林植被类型下 SOC 的积累量大于分解量，林下土壤碳库整体呈增加趋势，土壤质量处于较好状态。这也说明了 CPMI 是表征土壤碳库变化的重要量化指标，能够很大程度上反映其土壤碳库变化，对土壤碳库变化和土壤环境变化方面的研究具有重要意义。

7.5　本章小结

研究结论如下：

（1）SOC 主要分布于 0～20 cm 土层中，随着土层深度增加，不同森林植被类型 SOC 含量急剧下降，这跟耕地 SOC 含量的空间分布较为相似；在 0～60 cm 土层中，马尾松林平均 SOC 含量最小，竹林最大；落叶阔叶林平均 ASOC 含量最小，马尾松林最大；不同森林植被类型 ASOC/TOC（％）排序：落叶阔叶林<黄山松林<常绿-落叶阔叶混交林<竹林<灌丛<针阔混交林<常绿阔叶林<马尾松林，研究表明马尾松林 SOC 含量最小，林下土壤碳稳定性最差，而落叶阔叶林平均 ASOC 含量最小，其稳定性最好。

（2）从平均 SOC 密度来看，本研究的 8 种森林植被类型土壤均随着土层深度的增加呈递减趋势。灌丛下平均 SOC 密度在表层土壤（0～20 cm）表现为最高值，马尾松林最低；不同森林植被类型平均 SOC 密度在 20～40 cm 土层变化幅度不大；竹林下平均 SOC 密度在 40～60 cm 土层为最大，常绿-落叶阔叶混交林最小；不同森林植被类型在 0～60 cm 的平均 SOC 密度表现为竹林最大，黄山松林最小。这与林下腐殖质层的厚度及进入土壤 SOC 的多少有关，也反映了不同森林土壤的固碳能力存在差异。

（3）不同森林植被类型平均 ASOC 含量为 0.24～0.57 g·kg^{-1}，平均 TOC 含量为 9.72～14.74 g·kg^{-1}，CPI 为 1.63～2.48，A 为 0.019～0.062，AI 为 0.388～1.265。不同森林植被类型 CPMI 从小到大依次为：落叶阔叶林＜黄山松林＜常绿-落叶阔叶混交林＜灌丛＜针阔混交林＜常绿阔叶林＜竹林＜马尾松林。结果表明，庐山森林 SOC 的积累量大于分解量，林下土壤碳库整体呈增加趋势，森林土壤质量处在较好状态。

第 8 章

结论与展望

8.1　主要结论

本书选择庐山代表性的常绿阔叶林、落叶阔叶林、常绿-落叶阔叶混交林、马尾松林、黄山松林、针阔混交林、竹林和灌丛下测试样地为研究对象，系统分析了 8 种森林植被类型土壤物理特性、化学特性和生物学特性及土壤有机碳库特征，运用主成分分析法对庐山不同森林植被类型土壤水土保持功能及肥力水平进行评价，通过加权综合法，计算其 FSHI 和 CPMI，并对不同森林植被类型土壤健康状况和土壤有机碳库状况进行了综合评价。主要结论如下：

8.1.1　土壤物理特性及持水特征

（1）不同森林植被类型下凋落物层厚度整体状况良

好；落叶阔叶林下腐殖质层厚度最大，马尾松林最小；除竹林和黄山松林下土层厚度相差较大外，其他林地土层厚度的变化差异不大；不同森林植被类型土壤含水量相差不大，土壤硬度的平均值范围为 $13.21 \sim 25.44 \ kg \cdot cm^{-2}$；马尾松林下土壤容重平均值最小，黏粒含量平均值最大，黄山松林下土壤容重平均值最大，黏粒含量平均值最小。因此，不同森林植被类型土壤物理特性的差异可以引起其土壤透气性能及持水能力的变化。

（2）马尾松林下土壤入渗性能及持水性能均最好，常绿-落叶阔叶混交林则表现为最差；马尾松林下土壤蓄水量最大，灌丛最小。这是由于马尾松林下土壤非毛管孔隙度最大，总孔隙度也最大，土层深厚、疏松，渗透性强，有利于水分的贮存和移动，该林下土壤蓄水能力、入渗性能及持水性能均最好。

（3）不同森林植被类型土壤水土保持功能大小排序为：马尾松林>针阔混交林>常绿阔叶林>常绿-落叶阔叶混交林>灌丛>竹林>落叶阔叶林>黄山松林。结果表明，马尾松林土壤疏松多孔，通气性能最好，其入渗及持水性能最强，该林下土壤的水土保持功能最强。

8.1.2 土壤化学特性及肥力特征

（1）不同森林植被类型土壤 pH 为 $4.3 \sim 5.8$，针阔混交林土壤酸化程度相对较低，该林下土壤 pH 最高，竹林下土壤酸性最强；落叶阔叶林下土壤有机质、全氮及水解氮、全磷及有效磷和 CEC 含量平均值最高；常绿阔叶林下土壤全钾和速效钾含量平均值最高。

（2）用来表明土壤化学特性的 9 个指标除 pH 外均随土层深度增加而降低，土壤有机质、全氮、水解氮、全磷、有效磷和速效钾随土层深度的不断增加表现出明显地降低，而土壤 pH、全钾和 CEC 含量在不同森林植被类型下不同土层间的差异不大。可见土壤有机质、氮素、磷素和速效钾对森林土壤肥力在垂直方向上的影响较明显。

（3）土壤有机质与全氮及水解氮、有效磷呈极显著正相关；土壤全氮与水解氮、有效磷呈极显著正相关；全钾与速效钾呈极显著正相关；CEC 与有机质、全氮呈极显著正相关，与水解氮呈显著正相关，与全钾呈极显著负相关。土壤化学特性各指标之间，尤其是有机质与氮、磷、钾等指标之间的相关性说明其存在着消长协调性，对评价森林土壤肥力具有一定的指导意义。

（4）在土壤肥力评价方面，不同森林植被类型土壤肥力水平从高到低排序为：落叶阔叶林＞常绿-落叶阔叶混交林＞常绿阔叶林＞竹林＞灌丛＞针阔混交林＞马尾松林＞黄山松林。总之，落叶阔叶林下土壤有机质、氮素、磷素和CEC含量最多，土壤养分保持最高，该林下土壤肥力最强。

8.1.3 土壤生物学特征

（1）不同森林植被类型土壤 5 种酶活性具体表现为：竹林下纤维素酶活性最高，灌丛最低；灌丛下脲酶活性最大，针阔混交林最小；常绿-落叶阔叶混交林下过氧化氢酶活性最高，黄山松林最低；常绿阔叶林下多酚氧化酶活性最高，针阔混交林下活性最低；竹林下酸性磷酸酶活性最大，黄山松林最小。随着林下土层加深，土壤酶活性下降，且表层（0～20 cm）至 20～40 cm 的土壤酶活性都急剧下降，20～40 cm 与 40～60 cm 酶活性差异不明显。

（2）MBC、MBN、MBP 在不同森林植被类型之间呈现不同的差异：常绿阔叶林和常绿-落叶阔叶混交林下 MBC、MBN、MBP 的平均值均明显高于其他森林植被类型，灌丛最低；随着土层加深，MBC、MBN、MBP 也在下降，且 0～20 cm 与 20～40 cm 差异明显。MBC/SOC 为 2.57%～4.18%，平均值 3.26%，其林下土壤质量处于较高水平；MBN/TN 为 3.13%～5.85%，平均值为 4.03%，其林下土壤生物活性较高；MBP/TP 为 7.72%～24.42%，平均值为 19.86%，属正常范围。

（3）对 8 种森林植被类型下灌木层（$R+H$）/2 比较可知，常绿-落叶阔叶混交林最大，黄山松林最小；草本层（$R+H$）/2 表现为针阔混交林最大，竹林最小；除常绿-落叶阔叶混交林和竹林外，其他 6 种森林植被类型下灌木层的（$R+H$）/2 低于草本层。对 8 种森林植被类型土壤微生物群落功能多样性比较可知，落叶阔叶林、针阔混交林和黄山松林下 Shannon 指数较小；Simpson 指数在 8 种森林植被类型除表层（0～20 cm）针阔混交林最小，灌丛最大，黄山松林下在 20～40 cm 以及 40～60 cm 土层最小外，其他森林植被类型和土层间并无明显差异。另外，黄山松林在 0～40 cm 土层物种丰富度显著降低，表明该林下土壤微生物群落丰度在降低，优势物种在减少。

8.1.4　土壤健康评价

8 种森林植被类型 FSHI 大小排序为：针阔混交林（0.78）＞常绿-落叶阔叶混交林（0.72）＞灌丛（0.69）＞常绿阔叶林（0.67）＞落叶阔叶林（0.64）＞竹林（0.59）＞马尾松林（0.53）＞黄山松林（0.46）。说明天然次生林下土壤健康状况好于人工林，针阔混交林下土壤健康状况优于针叶纯林，这一研究结果符合一般的森林土壤健康规律。

8.1.5　土壤有机碳库特征

（1）SOC 主要分布于 0～20 cm 土层中，随着土层深度增加，不同森林植被类型 SOC 含量急剧下降，这跟耕地 SOC 含量的空间分布较为相似；在 0～60 cm 土层中，马尾松林平均 SOC 含量最小，竹林最大；落叶阔叶林平均 ASOC 含量最小，马尾松林最大；落叶阔叶林下 ASOC/TOC（%）最小，马尾松林最大。研究表明马尾松林 SOC 含量最小，该林下土壤碳稳定性最差，而落叶阔叶林平均 ASOC 含量最小，其稳定性最好。

（2）灌丛下平均 SOC 密度在表层土壤（0～20 cm）表现为最高值，马尾松林最低；不同森林植被类型平均 SOC 密度在 20～40 cm 土层变化幅度不大；竹林下平均 SOC 密度在 40～60 cm 土层为最大，常绿-落叶阔叶混交林最小；不同森林植被类型在 0～60 cm 的平均 SOC 密度表现为竹林最大，黄山松林最小。8 种森林植被类型土壤平均 SOC 密度均随着土层深度的增加呈递减趋势。这与林下腐殖质层的厚度及进入土壤 SOC 的多少有关，也反映了不同森林土壤的固碳能力存在差异。

（3）不同森林植被类型 CPI 为 1.63～2.48，A 为 0.019～0.062，AI 为 0.388～1.265，落叶阔叶林 CPMI 最小，马尾松林最大。结果表明，不同森林植被类型对庐山 CPMI 的提高均有不同程度的促进作用。庐山森林 SOC 的积累量大于分解量，林下土壤碳库整体呈增加趋势，森林土壤质量处在较好状态。

8.2　主要创新点

（1）揭示了庐山不同森林植被类型土壤特性及其 SOC 密度的空间分异规律，通过土壤碳库管理指数（CPMI）对庐山不同森林植被类型 SOC 状况进行了评价。

（2）构建了适合庐山森林土壤健康评价的指标体系，通过森林土壤健康指数（FSHI）对庐山不同森林植被类型土壤健康状况进行了评价。

8.3　研究展望

（1）由于庐山地形复杂，地形数据获得困难，本研究关于地形因子对森林土壤特性的影响分析，需要进一步研究和明确。

（2）本研究对不同森林植被类型土壤进行了单时段取样研究，建议后续对该地区不同森林土壤进行长期定位观测研究。

参考文献

［1］Abid M，Lal R. Tillage and drainage impact on soil quality：Ⅱ. Tensile strength of aggregates，moisture retention and water infiltration ［J］. Soil & Tillage Research，2009，103：364-372.

［2］Andrew Ogram. Discussionsoil molecular microbial ecology at age 20：methodological challenges for the future ［J］. Soil Biology & Biochemistry，2000，32：1499-1501.

［3］Arrouays D，Pelissier P. Modeling carbon storageprofiles in temperate forest humic loamy soils of France ［J］. Soil Science，1994，157：185-192.

［4］Badia D，Ruiz A，Girona A. The influence of elevation on soil properties and forest litter in the Siliceous Moncayo Massif，SW Europe ［J］. Journal of Mountain Science，2016，13 （12）：2155-2169.

［5］Balesdent J，Besnard E，Arrouays D，et al. The dynamics of carbon in particle-size fractions of soil in a forest-cultivation sequence ［J］. Plant and Soil，1998，201：49-57.

［6］Barbhuiya G I，Dixon D G，Glick B R. Plant growth-promoting bacteria that decrease heavy metal toxicity in plants ［J］. Canadian Journal of Microbiology，2004，46：237.

［7］Batjes N H. Mitigation of atmospheric CO_2 concentrations by increased carbon sequestration in the soil ［J］. Biol Fertil Soils，1998，27 （2）：230-235.

［8］ Batjes N H. Total carbon and nitrogen in the soils of the world ［J］. European Journal of Soil Science，1996，47：151-163.

［9］ Berger T W，Neubauer C，Glatzel G. Factors controlling soil carbon and nitrogen stores in pure stands of Norway spruce（Picea abies）and mixed species stands in Austria ［J］. Forest Ecology and Management，2002，159 （2）：3-14.

［10］ Boyle S I，Hart S C，Kaye J P，et al. Rsetoration and canopy type influence soil microflora in a ponderosa pine forest ［J］. Soil Science Society of America Journal，2005，69 （5）：1627-1637.

［11］ Bridge，Paul，Brian Spooner. Soil fungi：diversity and detection ［J］. Plant and Soil，2001，232：147-154.

［12］ Chambers J Q，Schimel J P，Nobre A D. Respiration from coarse wood litter in centralAmazon forests ［J］. Biogeochemistry，2001，52 （1）：115-131.

［13］ Chandar K，Brookes P C. Microbial biomass dynamics during the decomposition of glucose and maise in metal contaminated antnon contaminated and soils ［J］. Soil Biol Biochem，1991，23：917-925.

［14］ Dalsgaard L，Lange H，Strand L T. Underestimation of boreal forest soil carbon stocks related to soil classification and drainage ［J］. Canadian Journal of Forest Research，2016，46 （12）：1413-1425.

［15］ Fang H，Wang C H，Xin X Y，et al. Relation between reclaimed soil microbes and soil features in Antaibao Opencast ［J］. Journal of Safety and Environment，2007，7 （6）：74-76.

［16］ Fresquez P R. Microbial re-establishment and the diversity of fungal genera in reclaimed coalmine spoils and soils ［J］. Reclamation and Revegetation Research，1986，4：245-258.

［17］ Gelsomine A，Keijzer Wolters A C，Cacco G，et al. Assessment of bacterial community structure in soil by polymerase chain reaction and denaturing gradient gel electrophoresis [J]. Journal of Microbiological Methods, 1999, 38 (1): 1-15.

[18] Gose J R. Biollgical factors influencing nutrient supply in forest soils. In: Bowen G D, Nambiar E K S. Nutrition of Plantation Forests [M]. London: Academic Press, 1989: 119-146.

[19] Heijden, Van, Der, et al. Mycorrhizal fungal diversity determines plant biodiversity, ecosystem variability and productivity [J]. Nature, 1998, 396: 67-72.

[20] Hill G T, Mitkowski N A, Aldrich-Wolfe L, et al. Methods for assessing the composition and diversity of soil microbial communities [J]. Applied Soil Ecology, 2000, 15 (1): 25-36.

[21] Hong J P, Xie Y H, Kong L J. Soil bacteria and their biochemical characteristics on reclamation of coal mines [J]. Acta Ecologica Sinica, 2000, 20 (4): 669-672.

[22] https: //wenku. baidu. com/topic/2015guojiatongjiju. html.

[23] Hu Z Q, Wei Z Y, Qin P. Concept of and methods for soil reconstruction in mined land reclamation [J]. Soils, 2005, 37 (1): 8-12.

[24] Huang Y H, Li Y L, Xiao Y, et al. Controls of litter quality on the carbon sink in soils through partitioning the products of decomposing litter in a forest succession series in South China [J]. Forest Ecology and Management, 2011, 261 (7): 1170-1177.

[25] James J, Harrison, R. The Effect of Harvest on Forest Soil Carbon: A Meta-Analysis [J]. Forests, 2016, 7 (12): 308-314.

[26] Jiao X Y, Wang L G, Lu C D. Effects oftwo reclamation methodologies of coal mining subsidence on soil physical and chemical properties [J]. Journal of Soil and Water Conservation, 2009, 23 (4): 123-124.

[27] Jobbagy E G, Jackson R B. The vertical distribution of soil organic carbon and it's relation to climate and vegetation [J]. Ecological Applications,

2002, 10 (2): 423-436.

[28] Kalbitz K, Kaiser K. Contribution of dissolved organic matter to carbon storage in forest mineral soils [J]. Journal of Plant Nutrition and Soil Science, 2008, 171: 52-60.

[29] Kalbitz Z K, Solinger S, Park J H, et al. Controls on the dynamics of dissolved organic matter in soils: a review [J]. Soil Science, 2000, 165 (4): 277-304.

[30] Kandeler E, Luftenegger G, Schwarz S. Influence of heavy metals on the functional diversity of soil microvbial communities [J]. Biol Fertili Soils, 1997, 23: 299-306.

[31] Klotzbücher T, Kaiser K, Stepper C, et al. Long-term litter input manipulation effects on production and properties of dissolved organic matter in the forest floor of a Norway spruce stand [J]. Plant and Soil, 2012, 355: 407-416.

[32] Kondakova G V, Verkhovtseva N V, Osipov G A. Investigation of microbial diversity of underground waters in monitoring deep horizons of the Earth' s crust [J]. Moscow University Biological Sciences Bulletin, 2007, 62 (2): 69-75.

[33] Lammar R T, Dietrich D M. In situ depletion of pentachlorophone from contaminated soil by Phanerochaete spp [J]. Appl Environ Microbiol, 1990, 56: 3093-3100.

[34] Leininger S, Urich T, Schloter M, et al. Archaea predominate among ammonia-oxidizing prokaryotes in soils [J]. Nature, 2006, 442: 806-809.

[35] Lepere C, Masquelier S, Mangot J F, et al. Vertical structure of small eukaryotes in three lakes that differ by their trophic status: a quantitative approach [J]. ISME Journal, 2010, 4 (12): 1509-1519.

[36] Lin D, Anderson-Teixeira K J, Lai J S. Traits of dominant tree species predict local scale variation in forest aboveground and topsoil carbon

stocks [J]. Plant and Soil, 2016, 409 (1-2): 435-446.

[37] Lindemann W C. Amendment of mine spoil to increase the number and activity of microorganisms [J]. Soil Science Society of America Journal, 1984, 48: 574-578.

[38] Liu Bing-Ru, JIA Guo-Mei, Chen Jian, et al. Areview of methods for studying microbial diversity in soil [J]. Pedosphere, 2006, 16 (1): 18-24.

[39] Liu F, Lu L. Progress in the study of ecological restoration of coal mining subsidence areas [J]. Journal of Natural Resources, 2009, 24 (4): 613-620.

[40] Louise MD, Gwyn SG, John H, et al. Management influences on soil microbial communities and their function in botanically diverse hay meadows of northern England and Wales [J]. Soil Biol Biochem, 2000, 32 (2): 253-263.

[41] Marinari S, Liburdi K, Fliessbach A, et al. Effects of organic management on water-extractable organic matter and C mineralization in European arable soils [J]. Soil and Tillage Research, 2010, 106: 211-217.

[42] Mccarthy J F. Carbon fluxes in soil: long-term sequestration in deeper soil horizons [J]. Journal of Geographical Science, 2005, 15 (2): 149-154.

[43] McCorkle E P, Berhe A A, Hunsaker C T. Tracing the source of soil organic matter eroded from temperate forest catchments using carbon and nitrogen isotopes [J]. Chemical Geology, 2016, 445: 172-184.

[44] Mclauchlan K K, Hobbie S E. Comparison of labile soil organic matter fractionation techniques [J]. Soil Science Society of America Journal, 2004, 68 (5): 1616-1625.

[45] Medeiros P M, Fernandes S F, Dick R P. Seasonal variations in sugar contents and microbial community in a ryegrass soil [J]. Chemosphere, 2006, 65 (5): 832-839.

[46] Muriel Viaud, Aymeric Pasquier, Yves Brygoo. Diversity of soil fungi studied by PCR-RFLP of ITS [J]. Mycological Research, 2000, 104 (9): 1027-1032.

[47] Prentice, Katharine, Fung I Y. The sensitivity ofterrestrial carbon storage to climate change [J]. Nature, 1990, 346: 48-51.

[48] Puget P, Lal R, Lzaurralde C, et al. Stock and distribution of total and corn-derived soil organic carbon in aggregate and primary particle fractions for different land use and soil management practices [J]. Soil Science, 2005, 170 (6): 256-279.

[49] Roesch LF, Fuhhorpe RR, Riva A, et al. Pyrosequencing enumerates and contrasts soil microbial diversity [J]. ISME Journal, 2007, 1 (4): 283-290.

[50] Scheel T, Dorfler C, Kalbitz K. Precipitation of dissolved organic matter by aluminum stabilizes carbon in acidic forest soils [J]. Soil Science Society of America Journal, 2007, 71 (1): 64-74.

[51] Schwesig D, Kalbitz K, Matzner E. Effects of aluminium on the mineralization of dissolved organic carbon derived from forest floors [J]. European Journal of Soil Science, 2003, 54 (2): 311-322.

[52] Shrestha Raj K, Rattan Lal. Land use impacts on physical properties of 28years old reclaimed mine soils in Ohio [J]. Plant and Soil, 2008, 306 (1-2): 249-260.

[53] Shukla M K, Lal R, Underwood J, et al. Physical andhydrological characteristics of reclaimed mine soils in south-eastern Ohio [J]. Soil Society of America Journal, 2004, 68 (4): 1352-1361.

[54] Sinnett D, Poole J, Hutchings T R. A comparison of cultivation techniques for successful tree establishment on compacted soil [J]. Forestry, 2008, 81 (5): 663-679.

[55] Spading G P: Soil microbial biomass, activity and nutrient cycling as indi-

cators of soil health. In: Pankhurst CE. , Doube BM. , Gupta V S R, ed. Biological Indicators of Soil Health [M]. Cab International, 1997: 97-119.

[56] Strand L T, Callesen I, Dalsgaard L. Carbon and nitrogen stocks in Norwegian forest soils—the importance of soil formation, climate, and vegetation type for organic matter accumulation [J]. Canadian Journal of Forest Research, 2016, 46 (12): 1459-1473.

[57] Wang G, Jia G M, Chen J A. Review of methods for studying microbial diversity in soils [J]. Pedosphere, 2006, 16 (1): 18-24.

[58] Weitzman J N, Kaye J P. Variability in Soil Nitrogen Retention Across Forest, Urban, and Agricultural Land Uses [J]. Ecosystems, 2016, 19 (8): 1345-1361.

[59] Wick B, Kuhne R F, Vlek P L G. Soil microbiological parameters as indicators of soil quality under improved fallow management systems in southwestern Nigeria [J]. Plant and Soil, 1998, 202 (1): 97-107.

[60] Wienhold B J, Andrews S S, Karlen D L. Soil quality: a review of the science and experiences in the USA [J]. Environmental Geochemistry and Health, 2004, 26 (5): 89-95.

[61] Yin H J, Phillips R P, Liang R. Resource stoichiometry mediates soil C loss and nutrient transformations in forest soils [J]. Applied Soil Ecology, 2016, 108: 248-257.

[62] Youn-Joo An, Minjin Kim. Effect of antimony on the microbial growth and the activities of soil enzymes [J]. Chemosphere, 2009, 74 (5): 654-659.

[63] Zhan J, Sun Q Y. Development of microbial properties and enzyme activities in copper mine wasteland during natural restoration [J]. Catena, 2014, 116: 86-94.

[64] Zhao G X, Wang K H, Shi Y X. Investigation in reclamation mode and

synthetical development technology of subsidence lands in coal mines [J]. China Land Science，2000，4（5）：42-44.

[65] 安晓娟．六种天然林土壤有机碳及组分特征研究［D］．北京：北京林业大学，2013.

[66] 鲍士旦．土壤农化分析（第三版）［M］．北京：中国农业出版社，2008.

[67] 毕江涛，贺达汉．植物对土壤微生物多样性的影响研究进展［J］．中国农学通报，2009，25（9）：244-250.

[68] 蔡晨秋，唐丽，龙春林．土壤微生物多样性及其研究方法综述［J］．安徽农业科学，2011，39（28）：17274-17276.

[69] 曹慧，孙辉，杨浩，等．土壤酶活性及其对土壤质量的指示研究进展［J］．应用与环境生物学报，2003，9（1）：105-109.

[70] 曹烨．生物质炭添加对亚热带森林土壤特性及植物养分和生长的影响［D］．上海：华东师范大学，2016.

[71] 陈彩虹，叶道碧．四种人工林土壤酶活性与养分的相关性研究［J］．中南林业科技大学学报，2010，30（6）：64-68.

[72] 陈春林，周国英，闫法领，等．南方杉木人工林土壤健康评价研究［J］．土壤通报，2012，43（6）：1318-1324.

[73] 陈国潮，何振立，姚槐应．红壤微生物量的季节性变化研究［J］．浙江大学学报（农业与生命科学版），1999，25（4）：387-388.

[74] 陈琨．基于神经网络的土壤适宜性评价方法研究［D］．雅安：四川农业大学，2009.

[75] 陈立新，杨承栋．落叶松人工林土壤磷形态、磷酸酶活性演变与林木生长关系的研究［J］．林业科学，2004，40（3）：12-18.

[76] 陈亮中．三峡库区主要森林植被类型土壤有机碳研究［D］．北京：北京林业大学，2007.

[77] 陈龙乾，邓喀中，唐宏，等．矿区泥浆泵复垦土壤化学特性的时空演化规律［J］．中国矿业大学学报，2000，29（3）：262-265.

[78] 陈龙乾，邓喀中，唐宏，等．矿区泥浆泵复垦土壤物理特性的时空演化规

律 [J]. 土壤学报，2001，38（2）：277-283.

[79] 陈龙乾，邓喀中，赵志海，等．开采沉陷对耕地土壤化学特性影响的空间
变化规律 [J]. 土壤侵蚀与水土保持学报，1999，5（3）：81-86.

[80] 陈龙乾，邓喀中，赵志海，等．开采沉陷对耕地土壤物理特性影响的空间
变化规律 [J]. 煤炭学报，1999，24（6）：586-590.

[81] 陈相宇，程凤科，徐长亮，等．庐山土壤速效钾的垂直分布特征研究
[J]. 安徽农学通报，2012，18（24）：98-101.

[82] 陈学文，张晓平，梁爱珍，等．耕作方式对黑土硬度和容重的影响 [J].
应用生态学报，2012，23（2）：439-444.

[83] 陈雪，马履一，贾忠奎，等．影响油松人工林土壤质量的关键指标 [J].
中南林业科技大学学报，2012，32（8）：46-51.

[84] 程先富，史学正，于东升，等．兴国县森林土壤有机碳库及其与环境因子
的关系 [J]. 地理研究，2004，23（2）：211-217.

[85] 程云．绍云山森林涵养水源机制及其生态功能价值评价研究 [D]. 北京：
北京林业大学，2007.

[86] 崔文虎．长江三峡不同类型山地土壤的入渗特征及影响因子研究 [D].
武汉：华中师范大学，2016.

[87] 单奇华．城市林业土壤质量指标特性分析及质量评价 [D]. 南京：南京
林业大学，2008.

[88] 丁园，余小芬，赵帼平，等．庐山不同海拔森林土壤中重金属含量分析
[J]. 环境科学与技术，2013，36（6）：191-194.

[89] 杜有新，何春林，丁园，等．庐山植物园 11 种植物的根际土壤氮磷有效
性和酶活性 [J]. 生态环境学报，2013，22（8）：1297-1302.

[90] 杜有新，吴从建，周赛霞，等．庐山不同海拔森林土壤有机碳密度及分布
特征 [J]. 应用生态学报，2011，22（7）：1675-1681.

[91] 高菲．小兴安岭两种森林类型土壤有机碳矿化特征 [D]. 哈尔滨：东北
林业大学，2015.

[92] 葛东媛，张洪江，王伟，等．重庆四面山林地土壤水分特性 [J]. 北京林

业大学学报，2010，32（4）：155-159.

[93] 葛东媛.重庆四面山森林植物群落水土保持功能研究［D］.北京：北京林业大学，2011.

[94] 葛萍.安徽大别山海拔梯度上森林土壤碳氮动态研究［D］.上海：华东师范大学，2014.

[95] 耿玉清，白翠霞，赵铁蕊，等.北京八达岭地区土壤酶活性及其与土壤肥力的关系［J］.北京林业大学学报，2006，9（5）：7-11.

[96] 耿玉清.北京八达岭地区森林土壤理化特征及健康指数的研究［D］.北京：北京林业大学，2006.

[97] 弓文艳，陈丽华，郑学良.基于不同林分类型下土壤碳氮储量垂直分布［J］.水土保持学报，2019，33（1）：152-157，164.

[98] 关雪晴，吴昊.庐山土壤中微量元素的分布特征及其影响因素［J］.现代农业科技，2008，（9）：102-105.

[99] 郭建明.井冈山森林土壤有机碳密度空间分布及影响因子［D］.南昌：南昌大学，2011.

[100] 何艾霏，于法展，于晨阳，等.江西庐山自然保护区不同森林植被下土壤的持水性能分析［J］.安徽农业科学，2011，39（30）：18573-18575，18578.

[101] 何斌，黄承标，秦武明，等.不同植被恢复类型对土壤性质和水源涵养功能的影响［J］.水土保持学报，2009，23（2）：71-74，94.

[102] 何斌，温远光，袁霞，等.广西英罗港不同红树植物群落土壤理化性质与酶活性的研究［J］.林业科学，2002，38（2）：21-26.

[103] 何东进，洪伟，胡海清，等.武夷山风景区森林景观土壤物理性质异质性及其分形特征［J］.林业科学，2005，41（5）：175-179.

[104] 贺红早，张珍明，刘盈盈，等.贵州云台山喀斯特森林土壤有机碳及黑碳分布特征［J］.贵州农业科学，2013，41（5）：90-92.

[105] 贺康宁.水土保持林地土壤水分物理性质的研究［J］.北京林业大学学报，1995，17（3）：44-50.

[106] 胡波，张会兰，王彬，等．重庆缙云山地区森林土壤酸化特征 [J]．长江流域资源与环境，2015，24 (2)：300-309.

[107] 胡建忠．人工沙棘地土壤酶分布及其与土壤理化形状间关系的研究 [J]．植物营养与肥料学报，2004，10 (3)：277-280.

[108] 胡亚林，汪思龙，黄宇，等．凋落物化学组成对土壤微生物学性状及土壤酶活性的影响 [J]．生态学报，2005，25 (10)：2662-2668.

[109] 黄昌勇．土壤学 [M]．北京：中国农业出版社，2000.

[110] 黄承标，梁宏温．广西不同地理区域森林土壤水文物理性质研究 [J]．土壤与环境，1999，8 (2)：96-100.

[111] 黄从德．四川森林生态系统碳储量及其空间分异特征 [D]．雅安：四川农业大学，2008.

[112] 黄进，张晓勉，张金池．桐庐生态公益林主要森林类型土壤抗水蚀功能综合评价 [J]．生态环境学报，2010，19 (4)：932-937.

[113] 黄宇，汪思龙，冯宗炜，等．不同人工林生态系统林地土壤质量评价 [J]．应用生态学报，2004，15 (12)：2199-2205.

[114] 贾若凌，李丽，刘香玲，等．荔枝果园土壤脲酶活性与土壤肥力的关系研究 [J]．河南农业科学，2011，40 (6)：79-81.

[115] 贾秀红，毕俊亮，周志翔，等．鄂中低丘区主要纯林凋落物持水与土壤贮水能力研究 [J]．华中农业大学学报，2013，32 (3)：39-44.

[116] 贾忠奎，马履一，徐程扬，等．北京山区幼龄侧柏林主要林分类型土壤水分及理化特性研究 [J]．水土保持学报，2005，19 (3)：160-164.

[117] 姜春前，徐庆，姜培坤，等．不同森林植被下土壤化学和土壤化学肥力的综合评价 [J]．林业科学研究，2002，15 (6)：700-705.

[118] 姜海燕．大兴安岭兴安落叶松林土壤微生物与土壤酶活性研究 [D]．呼和浩特：内蒙古农业大学，2010.

[119] 姜培坤．不同林分下土壤活性有机碳库研究 [J]．林业科学，2005，41 (1)：10-13.

[120] 姜永见，朱丽东，叶玮，等．庐山 JL 剖面红土粒度体积分形特征及其环

境意义［J］. 山地学报，2008，26（1）：36-44.

[121] 景国臣，鞠敏睿，欧阳力. 黑土区几种人工林的水土保持效果分析［J］. 水利科学与寒区工程，2019，2（5）：42-47.

[122] 李兵，李新举，刘雪冉，等. 施用蘑菇料对煤矿区复垦土壤物理特性的影响［J］. 煤炭学报，2010，35（2）：288-292.

[123] 李潮海. 土壤物理性质对土壤生物活性及作物生长的影响研究进展［J］. 河南农业大学学报，2002，36（1）：32-37.

[124] 李海燕. 泰山南坡土壤发生特性与系统分类研究［D］. 泰安：山东农业大学，2006.

[125] 李海鹰，姜小三，潘剑君，等. 土壤阳离子交换量分布规律的研究——以江苏省溧水县为例［J］. 土壤，2007，39（3）：443-447.

[126] 李海鹰. 实验室培养下中国亚热带和温带土壤有机碳分解特征的研究［D］. 南京：南京农业大学，2007.

[127] 李慧杰，徐福利，林云，等. 施用氮磷钾对黄土丘陵区山地红枣林土壤酶与土壤肥力的影响［J］. 干旱地区农业研究，2012，30（4）：53-59.

[128] 李江. 中国主要森林群落林下土壤有机碳储量格局及其影响因子研究［D］. 雅安：四川农业大学，2008.

[129] 李龙，姚云峰，秦富仓，等. 半干旱区县域尺度土壤有机碳的空间变异特征［J］. 生态学杂志，2016，（8）：2003-2008.

[130] 李树志，高荣久. 塌陷地复垦土壤特性变异研究［J］. 辽宁工程技术大学学报，2006，25（5）：792-794.

[131] 李向阳，吴疆，刘洪强. 鄂东南5种森林土壤重金属含量及污染评价［J］. 中南林业科技大学学报，2019，39（10）：102-108.

[132] 李小平. 川南三种林地土壤有机碳及其组分研究［D］. 雅安：四川农业大学，2012.

[133] 李欣宇，宇万太，李秀珍. 遥感与地统计方法在表层土壤有机碳空间格局研究中的应用比较［J］. 农业工程学报，2009，25（3）：148-152.

[134] 林德喜，樊后保，苏兵强，等. 马尾松林下套种阔叶树土壤理化性质的

研究 [J]. 土壤学报，2004，41 (4)：655-659.

[135] 林培松，高全洲. 韩江流域典型区几种森林 SOC 储量和养分库分析 [J]. 热带地理，2009，29 (4)：329-334.

[136] 林培松. 梅州市清凉山库区森林土壤物理性质初步研究 [J]. 嘉应学院学报（自然科学版），2008，26 (6)：103-106.

[137] 林瑞余. 森林土壤和枯枝落叶层 DOM 的研究 [D]. 福州：福建农林大学，2003.

[138] 林鑫宇，惠昊，王亚茹，等. 不同林分类型下土壤活性有机碳含量和分布特征 [J]. 安徽农业大学学报，2021，48 (3)：437-443.

[139] 蔺岩雄，郑子龙，刘小林，等. 小陇山林区主要林分类型森林土壤持水能力研究 [J]. 甘肃农业大学学报，2012，47 (3)：102-106.

[140] 刘波，李学斌，陈林，等. 基于文献计量分析的土壤固碳研究进展 [J]. 土壤通报，2021，52 (1)：211-220.

[141] 刘玲. 长白山低山区典型森林类型土壤有机碳及养分空间异质性研究 [D]. 北京：北京林业大学，2013.

[142] 刘目兴，杜文正，张海林. 三峡库区不同林型土壤的入渗能力研究 [J]. 长江流域资源与环境，2013，22 (3)：299-306.

[143] 刘瑞英. 秦岭辛家山不同森林类型土壤养分及植物多样性研究 [D]. 陕西杨凌：西北农林科技大学，2011.

[144] 刘少冲，段文标，陈立新. 莲花湖库区几种主要林型水文功能的分析和评价 [J]. 水土保持学报，2007，21 (1)：79-83.

[145] 卢纹岱. SPSS for Windows 统计分析 [M]. 北京：电子工业出版社，2000.

[146] 鲁如坤. 土壤农业化学分析方法 [M]. 北京：中国农业科技出版社，2000.

[147] 路翔. 中亚热带 4 种森林凋落物及土壤碳氮贮量与分布特征 [D]. 长沙：中南林业科技大学，2012.

[148] 吕刚，曹小平，卢慧，等. 辽西海棠山森林枯落物持水与土壤贮水能力

研究 [J]. 水土保持学报，2010，24（3）：203-208.

[149] 罗静. 互叶白千层人工林水土保持效应研究 [D]. 长沙：中南林业科技大学，2019.

[150] 罗歆，代数，何丙辉，等. 缙云山不同植被类型林下土壤养分含量及物理性质研究 [J]. 水土保持学报，2011，25（1）：64-69，91.

[151] 罗友进，王子芳，高明，等. 不同耕作制度对紫色水稻土活性有机质及碳库管理指数的影响 [J]. 水土保持学报，2007，21（5）：29-41.

[152] 骆土寿，刘伟钦，尹光天，等. 顺德森林改造区不同林分土壤环境质量研究 [J]. 林业科学研究，2004，17（4）：541-546.

[153] 马明东，李强，罗承德. 卧龙亚高山主要森林植被类型土壤碳汇的研究 [J]. 水土保持学报，2009，23（2）：127-131.

[154] 马艳芹，黄国勤. 紫云英还田配施氮肥对稻田土壤碳库的影响 [J]. 生态学杂志，2019，38（1）：129-135.

[155] 毛青兵. 天台山七子花群落下土壤微生物生物量的季节动态 [J]. 生物学杂志，2003，20（3）：16-18，53.

[156] 米苏斯金 E. H. 土壤微生物和土壤肥力 [M]. 北京：科学出版社，1959.

[157] 缪琦，史学正，于东升，等. 气候因子对森林土壤有机碳影响的幅度效应研究 [J]. 土壤学报，2010，47（2）：270-278.

[158] 莫汝静. 岷江上游土壤活性有机碳组分研究 [D]. 雅安：四川农业大学，2012.

[159] 聂浩亮. 海坨山不同林分土壤有机碳库及矿化特征 [D]. 北京：北京林业大学，2021.

[160] 潘根兴，P. Fallavier，卢玉文，等. 近35年来庐山土壤酸化及其物理化学性质变化 [J]. 土壤通报，1993，24（4）：145-147.

[161] 庞学勇，包维楷，吴宁. 森林生态系统土壤可溶性有机质（碳）影响因素研究进展 [J]. 应用与环境生物学报，2009，15（3）：390-398.

[162] 彭明俊，郎南军，温绍龙，等. 金沙江流域不同林分类型的土壤特性及

其水源涵养功能研究 [J]. 水土保持学报，2005，19（6）：106-109.

[163] 钱登峰. 华北土石山区典型植物群落土壤健康评价 [D]. 重庆：西南大学，2007.

[164] 乔永. 天山中段北坡森林土壤发生特性及系统分类研究 [D]. 北京：北京林业大学，2011.

[165] 丘清燕，梁国华，黄德卫，等. 森林土壤可溶性有机碳研究进展 [J]. 西南林业大学学报，2013，33（1）：86-96.

[166] 邱莉萍，刘军，王益权，等. 土壤酶活性与土壤肥力的关系研究 [J]. 植物营养与肥料学报，2004，10（3）：277-280.

[167] 任凤玲. 不同施肥下我国典型农田土壤有机碳固定特征及驱动因素 [D]. 北京：中国农业科学院，2021.

[168] 任海，彭少麟. 恢复生态学导论 [M]. 北京：科学出版社，2002.

[169] 任军，郭金瑞，边秀芝，等. 土壤有机碳研究进展 [J]. 中国土壤与肥料，2009，（6）：1-7.

[170] 任丽娜，王海燕，丁国栋，等. 森林生态系统土壤健康评价研究进展 [J]. 世界林业研究，2011，24（5）：1-6.

[171] 任丽娜. 华北土石山区森林土壤健康特征及评价研究 [D]. 北京：北京林业大学，2012.

[172] 尚瑶. 东北阔叶林土壤有机碳及其组分空间分布特征研究 [D]. 延边：延边大学，2015.

[173] 邵方丽. 冀北山地典型森林植被与土壤成分的空间异质性关系研究 [D]. 北京：北京林业大学，2012.

[174] 邵月红，潘剑君，许信旺，等. 长白山森林土壤有机碳库大小及周转研究 [J]. 水土保持学报，2006，20（6）：99-102.

[175] 沈海燕. 不同类型红松林土壤物理性质及土壤有机质空间异质性研究 [D]. 哈尔滨：东北林业大学，2011.

[176] 沈宏，曹志洪. 不同农田生态系统土壤碳库管理指数的研究 [J]. 生态学报，2000，20（4）：13-18.

[177] 沈文森. 北京低山地区人工林土壤质量的研究 [D]. 北京：北京林业大学，2010.

[178] 盛丰. 康奈尔土壤健康评价系统及其应用 [J]. 土壤通报，2014，45 (6)：1289-1296.

[179] 苏永中，赵哈林. 土壤有机碳储量、影响因素及其环境效应的研究进展 [J]. 中国沙漠，2002，22 (3)：220-228.

[180] 孙波，赵其国. 土壤质量与持续环境：土壤质量评价的生物学指标 [J]. 土壤学，1997，29 (5)：225-234.

[181] 孙海运. 山东济宁矿区复垦土壤理化特征及修复技术研究 [D]. 北京：中国矿业大学（北京），2010.

[182] 孙龙，胡海清，陆听举，等. 森林土壤活性有机碳影响因素 [J]. 森林工程，2013，29 (1)：9-14.

[183] 孙泰森，师学义，杨玉敏. 五阳矿区采煤塌陷地复垦土壤的质量变化研究 [J]. 水土保持学报，2003，17 (4)：86-89.

[184] 孙新. 马尾松林下套种阔叶树对森林凋落物及土壤的影响 [D]. 福州：福建农林大学，2005.

[185] 田大伦，方晰，康文星. 杉木林不同更新方式对林地土壤性质的影响 [J]. 中南林学院学报，2003，23 (2)：1-5.

[186] 田耀武，刘谊锋，王聪，等. 伏牛山森林土壤有机碳密度与环境因子的关联性分析 [J]. 南京林业大学学报（自然科学版），2019，43 (1)：83-90.

[187] 涂玉. 油松—辽东栎混交林地表凋落物和氮添加对土壤生物学性质的影响 [D]. 北京：北京林业大学，2012.

[188] 万慧霖. 庐山森林生态系统植物多样性及其分布格局 [D]. 北京：北京林业大学，2008.

[189] 汪伟. 中亚热带常绿阔叶林土壤有机碳活性组分的季节动态研究 [D]. 福州：福建师范大学，2008.

[190] 王春燕. 中国东部森林土壤有机碳组分的纬度格局及其影响因素 [D]. 重庆：西南大学，2016.

［191］王春阳，周建斌，夏志敏，等．黄土高原区不同植物凋落物可溶性有机碳含量及其降解［J］．应用生态学报，2010，21（12）：3001-3006.

［192］王春阳．黄土高原生态重建中植物凋落物碳氮在土壤中转化特性研究［D］．杨凌：西北农林科技大学，2011.

［193］王国兵，阮宏华，唐燕飞，等．北亚热带次生栎林与火炬松人工林土壤微生物生物量碳的季节动态［J］．应用生态学报，2008，19（1）：37-42.

［194］王纪杰．桉树人工林土壤质量变化特征［D］．南京：南京林业大学，2011.

［195］王建国，杨林章，单艳红．模糊数学在土壤评价中的应用研究［J］．土壤学报，2001，38（2）：176-183.

［196］王库，徐礼煜，于天富．水土保持植物—芨芨草对土壤养分的影响［J］．土壤，2002，34（3）：170-172.

［197］王连峰，潘根兴，石盛莉，等．酸沉降影响下庐山森林生态系统土壤溶液溶解有机碳分布［J］．植物营养与肥料学报，2002，8（1）：29-34.

［198］王琳，欧阳华，周才平，等．贡嘎山东坡土壤有机质及氮素分布特征［J］．地理学报，2004，59（6）：1014-1021.

［199］王觅．京西山区森林土壤有机碳的研究［D］．北京：北京林业大学，2008.

［200］王敏，李贵才，仲国庆，等．区域尺度上森林生态系统碳储量的估算方法分析［J］．林业资源管理，2010（2）：107-112.

［201］王清奎，汪思龙，冯宗炜，等．土壤活性有机质及其与土壤质量的关系［J］．生态学报，2005，25（3）：513-519.

［202］王绍强，周成虎，李克让，等．中国土壤有机碳库及空间分布特征分析［J］．地理学报，2000，55（5）：533-544.

［203］王淑平．土壤有机碳和氮的分布对其气候变化的响应［D］．北京：中国科学院研究生院（植物研究所），2003.

［204］王晓龙，胡锋，李辉信，等．红壤小流域不同土地利用方式对MBC的影响［J］．农业环境科学学报，2006，25（1）：143-147.

[205] 王效举,龚子同. 红壤丘陵小区域水平上不同时段土壤质量变化的评价和分析 [J]. 地理科学,1997,17 (2):141-149.

[206] 王阳,章明奎. 不同类型林地土壤颗粒态有机碳和黑碳的分布特征 [J]. 浙江大学学报(农业与生命科学版),2011,37 (2):193-202.

[207] 王志秀. 贺兰山东麓不同年限葡萄地土壤有机碳变化特征研究 [D]. 银川:宁夏大学,2019.

[208] 魏强. 亚热带典型森林凋落物输入对土壤有机碳累积和稳定性影响 [D]. 福州:福建农林大学,2018.

[209] 文伟,彭友贵,谭一凡,等. 深圳市森林土壤主要类型有机碳分布特征 [J]. 西南林业大学学报,2018,38 (6):106-113.

[210] 吴建富,曾研华,潘晓华,等. 机械化稻草全量还田对水稻产量和土壤碳库管理指数的影响 [J]. 江西农业大学学报,2011,33 (5):835-839,879.

[211] 吴建国,张小全,徐德应. 土地利用变化对土壤有机碳贮量的影响 [J]. 应用生态学报,2004,15 (4):593-599.

[212] 吴金水,林启美,黄巧云,等. 土壤微生物生物量测定方法及其应用 [M]. 北京:气象出版社,2006.

[213] 吴金卓,蔡小溪,林文树. 吉林蛟河不同演替阶段针阔混交林土壤健康评价 [J]. 东北林业大学学报,2015,43 (6):78-82.

[214] 吴庆标,王效科,郭然. 土壤有机碳稳定性及其影响因素 [J]. 土壤通报,2005,36 (5):743-747.

[215] 吴蔚东,黄月琼,黄春昌,等. 江西省主要森林类型下土壤的物理性质 [J]. 江西农业大学学报,1996,18 (2):131-136.

[216] 吴旭东,张晓娟,谢应忠,等. 不同种植年限紫花苜蓿人工草地土壤有机碳及土壤酶活性垂直分布特征 [J]. 草业学报,2013,22 (1):245-251.

[217] 谢约翰. 庐山地区红壤剖面及养分状况研究 [J]. 安徽农业科学,2016,44 (6):169-170.

[218] 徐华君. 中天山北坡土壤有机碳空间分布规律研究 [D]. 徐州:中国矿

业大学，2010.

[219] 徐华勤，章家恩，冯丽芳，等．广东省典型土壤类型和土地利用方式对土壤酶活性的影响 [J]．植物营养与肥料学报，2010，16（6）：1464-1471.

[220] 徐秋芳．森林土壤活性有机碳库的研究 [D]．杭州：浙江大学，2003.

[221] 许景伟，王卫东，李成，等．不同类型黑松混交林土壤微生物土壤酶和土壤养分含量的研究 [J]．山东林业科技，2000，127（2）：1-6.

[222] 许明祥，刘国彬，赵允格．黄土丘陵区土壤质量评价指标研究 [J]．应用生态学报，2005，16（10）：1843-1848.

[223] 薛立，邝立刚，陈红跃，等．不同林分土壤养分、微生物与酶活性的研究 [J]．土壤学报，2003，40（2）：280-285.

[224] 薛立，吴敏，徐彦，等．几个典型华南人工林土壤的养分状况和微生物特性研究 [J]．土壤学报，2005，42（6）：1017-1023.

[225] 薛南冬，廖柏寒，刘鹏，等．酸沉降影响下湖南两个典型小流域土壤酸化研究 [J]．湖南农业大学学报（自然科学版），2005，31（1）：82-86.

[226] 薛萐，刘国彬．黄土丘陵区人工刺槐林土壤活性有机碳与碳库管理指数演变 [J]．中国农业科学，2009，42（4）：1458-1464.

[227] 薛文悦，戴伟，王乐乐，等．北京山地几种针叶林土壤酶特征及其与土壤理化性质的关系 [J]．北京林业大学学报，2009，31（4）：90-96.

[228] 杨成德，龙瑞军，陈秀蓉，等．土壤微生物功能群及其研究进展 [J]．土壤通报，2008，39（2）：421-425.

[229] 杨承栋．森林土壤学科研究进展与展望 [J]．土壤学报，2008，45（5）：881-891.

[230] 杨丽霞，潘剑，苑韶峰．森林土壤有机碳组分定量化研究 [J]．土壤通报，2006，37（2）：241-243.

[231] 杨丽韫，罗天祥，吴松涛．长白山原始阔叶红松林不同演替阶段地下生物量与碳、氮贮量的比较 [J]．应用生态学报，2005，16（7）：1195-1199.

[232] 杨鹏，李传荣，孙明高，等．沿海破坏山体周边不同植被恢复模式土壤

结构特征与健康评价 [J]. 中国水土保持科学，2010，8（2）：80-84.

[233] 杨万勤，王开运. 土壤酶研究动态与展望 [J]. 应用与环境生物学报，2002，8（5）：564-570.

[234] 杨万勤，张健，胡庭兴，等. 森林土壤生态学 [M]. 成都：四川科学出版社，2006.

[235] 杨万勤，钟章成，韩玉萍. 缙云山森林土壤酶活性的分布特征、季节动态及其与四川大头茶的关系研究 [J]. 西南师范大学学报（自然科学版），1999，24（3）：318-324.

[236] 杨万勤，钟章成，陶建平，等. 缙云山森林土壤速效 N、P、K 时空特征研究 [J]. 生态学报，2001，21（8）：1285-1289.

[237] 杨喜田，董惠英，山寺喜成. 土壤硬度对播种苗和栽植苗根系发育的影响 [J]. 中国水土保持科学，2005，3（4）：60-64.

[238] 杨秀清，韩有志. 关帝山森林土壤有机碳和氮素的空间变异特征 [J]. 林业科学研究，2011，24（2）：223-229.

[239] 姚槐应，何振立，黄昌勇. 不同土地利用方式对红壤微生物多样性的影响 [J]. 水土保持学报，2003，17（2）：51-54.

[240] 游秀花，蒋尔可. 不同森林类型土壤化学性质的比较研究 [J]. 江西农业大学学报，2005，27（3）：357-360.

[241] 于法展，陈龙乾，沈正平，等. 苏北低山丘陵区典型森林生态脆弱性评价 [J]. 水土保持研究，2012，19（6）：188-192.

[242] 于法展，陈龙乾，沈正平，等. 苏北低山丘陵区典型性森林土壤有机碳空间分布特征 [J]. 测绘科学，2013，38（6）：52-54，42.

[243] 于法展，齐芳燕，单勇兵，等. 苏北低山丘陵区森林次生演替过程中土壤养分的空间变异 [J]. 地域研究与开发，2009，28（4）：115-119.

[244] 于法展，齐芳燕，李淑芬，等. 江西庐山自然保护区不同森林植被下土壤理化性状研究 [J]. 苏州科技学院学报（自然科学版），2009，26（3）：68-71，76.

[245] 于法展，尤海梅，李保杰，等. 苏北地区代表性森林土壤理化特性的比较研究 [J]. 地理与地理信息科学，2007，23（2）：87-90.

[246] 于法展，张忠启，陈龙乾，等．江西庐山自然保护区不同林地水源涵养功能研究 [J]．水土保持研究，2014，21（5）：255-259.

[247] 于法展，张忠启，陈龙乾，等．江西庐山自然保护区主要森林植被水土保持功能评价 [J]．长江流域资源与环境，2015，24（4）：578-584.

[248] 于法展，张忠启，陈龙乾，等．庐山不同森林植被类型土壤碳库管理指数评价 [J]．长江流域资源与环境，2016，25（3）：470-475.

[249] 于法展，张忠启，陈龙乾，等．庐山不同森林植被类型土壤特性及其健康评价 [J]．长江流域资源与环境，2016，25（7）：1062-1069.

[250] 于法展，张忠启，沈正平，等．庐山不同林分类型土壤活性有机碳及其组分与土壤酶的相关性 [J]．水土保持研究，2015，22（6）：78-82.

[251] 余新晓，张志强，陈丽华，等．森林生态水文 [M]．北京：中国林业出版社，2004.

[252] 俞慎，李勇，王俊华，等．土壤微生物生物量作为红壤质量生物指标的探讨 [J]．土壤学报，1999，36（3）：413-422.

[253] 袁颖红，樊后保，刘文飞，等．模拟氮沉降对杉木人工林土壤可溶性有机碳和微生物量碳的影响 [J]．水土保持学报，2012，26（2）：138-143.

[254] 张彪，李文华，谢高地，等．北京市森林生态系统的水源涵养功能 [J]．生态学报，2008，28（11）：5619-5624.

[255] 张成霞，南志标．土壤微生物生物量的研究进展 [J]．草业科学，2010，27（6）：50-57.

[256] 张德强，叶万辉，余清发，等．鼎湖山演替系列中代表性森林凋落物研究 [J]．生态学报，2000，20（6）：938-944.

[257] 张甲，陶澍，曹军．土壤中水溶性有机碳测定中的样品保存与前处理方法 [J]．土壤通报，2000，31（8）：174-177.

[258] 张剑，汪思龙，王清奎，等．不同森林植被下土壤活性有机碳含量及其季节变化 [J]．中国生态农业学报，2009，17（1）：41-47.

[259] 张秋根，王桃云，钟全林．森林生态环境健康评价初探 [J]．水土保持学报，2003，17（5）：16-18.

[260] 张锐. 重庆四面山几种人工林水土保持功能研究 [D]. 北京：北京林业大学，2008.

[261] 张贤应，於忠祥，葛承文. 庐山土壤硫组分分布特征研究 [J]. 安徽农学通报，1999，5（1）：24-27.

[262] 张修玉，管东生，黎华寿，等. 广州典型森林土壤有机碳库分配特征 [J]. 中山大学学报（自然科学版），2009，48（5）：137-142.

[263] 张忠启. 样点布置模式及密度对揭示土壤有机碳空间变异的影响 [D]. 南京：中国科学院南京土壤研究所，2010.

[264] 章家恩，刘文高，胡刚. 不同土地利用方式下土壤微生物数量与土壤肥力的关系 [J]. 土壤与环境，2002，11（2）：140-143.

[265] 赵吉，杨劼，邵玉琴. 退化草原土壤健康的微生物学量化评价 [J]. 农业环境科学学报，2007，26（6）：2090-2094.

[266] 赵林林，吴志祥，孙瑞，等. 土壤有机碳分类与测定方法的研究概述 [J]. 热带农业工程，2021，45（3）：154-161.

[267] 郑华，欧阳志云，方治国，等. BIOLOG 在土壤微生物群落功能多样性研究中的应用 [J]. 土壤学报，2004，41（3）：456-461.

[268] 郑路，卢立华. 我国森林地表凋落物现存量及养分特征 [J]. 西北林学院学报，2012，27（1）：63-69.

[269] 周纯亮. 中亚热带四种森林土壤有机碳库特征初步研究 [D]. 南京：南京农业大学，2009.

[270] 周金星，漆良华，张旭东，等. 不同植被恢复模式土壤结构特征与健康评价 [J]. 中南林学院学报，2006，26（6）：32-37.

[271] 周焱. 武夷山不同海拔土壤有机碳库及其矿化特征 [D]. 南京：南京林业大学，2009.

[272] 朱浩宇，王子芳，陆畅，等. 缙云山5种植被下土壤活性有机碳及碳库变化特征 [J]. 土壤，2021，53（2）：354-360.